犹太人
成功励志书

范宸 ／ 著

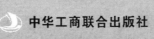
中华工商联合出版社

图书在版编目（CIP）数据

犹太人成功励志书 / 范宸著 . -- 北京：中华工商
联合出版社，2016.5

ISBN 978-7-5158-1642-5

Ⅰ.①犹… Ⅱ.①范… Ⅲ.①成功心理－通俗读物
Ⅳ.① B848.4-49

中国版本图书馆 CIP 数据核字 (2016) 第 079271 号

犹太人成功励志书

作　　者：范　宸
责任编辑：吕　莺　张淑娟
封面设计：信宏博·张红运
责任审读：李　征
责任印制：迈致红
出版发行：中华工商联合出版社有限责任公司
印　　刷：三河市宏盛印务有限公司
版　　次：2016 年 8 月第 1 版
印　　次：2016 年 8 月第 1 次印制
开　　本：710mm×1000mm　1/16
字　　数：200 千字
印　　张：13.75
书　　号：ISBN 978-7-5158-1642-5
定　　价：36.00 元

服务热线：010－58301130
销售热线：010－58302813
地址邮编：北京市西城区西环广场A座
　　　　　19-20 层，100044
http:// www.chgslcbs.cn
E-mail：cicap1202@sina.com（营销中心）
E-mail：gslzbs@sina.com（总编室）

工商联版图书
版权所有　侵权必究

凡本社图书出现印装质量问
题，请与印务部联系。
联系电话：010－58302915

目　录

上 篇
树立终身学习意识，培养开放性思维

教育永远放在首位

犹太民族是个有着古老文明、传统文化气息浓厚的民族。热爱知识、重视教育是犹太人一个非常显著的特点。在犹太人看来，教育永远是最重要的。《塔木德》中说："教育和宗教一样神圣。"犹太人认为，一个人的能力不是天生的，是需要从小培养的，对孩子教育的重视，就是在为孩子的未来投入无形的资本。

以色列刚建国时，还在炮火隆隆声中，以色列的首任教育部长盖尔叫来了他的秘书艾德勒。

"艾德勒，我们一起来草拟教育法，必须强制要求 3~15 岁的孩子接受免费教育。"

"免费！？"艾德勒惊愕不已。要知道，建国之初的以色列尚处在战火之中，战争的经费都很困难，当时整个教育部只有盖尔和艾德勒两个人，唯一的财产是一台破打字机。"是的！免费！"盖尔坚定地回答，"我们处在敌人的包围之中，背靠地中海……我们必须培育高素质的人，只有这样才能对付人数几十倍于我们的敌人。"

盖尔激动起来，说："我们要建立一个历史博物馆。让孩子们知道3000年前圣殿被罗马人毁掉的悲剧，让他们知道在二战中犹太人被屠杀的事实，知道那些毒气室、骷髅、鲜血和希特勒。"

第一次中东战争结束后，盖尔和艾德勒拟出了义务教育法。第二年，这部法律在以色列议会上全票通过。

犹太人中精英辈出，这除了犹太人自身的努力和勤奋外，与他们早期的家庭教育和熏陶也是分不开的。

犹太人常常给孩子讲经典的教育故事：

一位母亲问她的两个孩子："假如有一天，你们的房子被烧毁，你们的财产被抢光，你们将带着什么东西逃跑呢？"

一个孩子回答说："钱。"

另一个孩子说："钻石。"

母亲继续问："有一种没有形状、没有颜色、没有气味的东西，你们知道是什么吗？"

孩子们左思右想，却找不到答案。

母亲笑了，接着说："孩子，你们要带走的东西不是钱，也不是钻石，而是智慧。智慧是任何人都抢不走的，只要你还活着，智慧就永远跟随着你，无论你到什么地方它都不会舍弃你。"

犹太人世世代代保留着将书放在床头的习俗，他们认为将书放在床尾是对书的大不敬，因此被绝对禁止。犹太人把学习作为人生快乐和幸福的源泉，把独立思考作为开启财富大门的"金钥匙"。

犹太儿童很早就被告知：拥有知识的人拥有一切。在这种文化氛围下，犹太民族非常重视教育和学习。《犹太法典》中记录着这样一个故事：一位智者被人问何以成为智者，智者答道："因为直到目前为止，我在油灯上面所花的钱，比花在食用油上的还要多。"

犹太人很讲究教育的艺术。他们有这么一句名言：要按照孩子该走的路来充分地训练他。在教育孩子时，犹太教师认为，如果老师教的课学生不理解，那么，老师不应该大发脾气或对学生们抱怨，而应该反复讲，直到学生们完全理解并掌握为止。

在犹太人心中，教育如同宗教一样神圣，是生命中至关重要的一部分。他们认为，财富固然重要，但教育是基础，教育使人掌握知识，变得聪慧，进而获取财富。

终生求学，增长知识

《塔木德》中说："学习是最高的善。"

在犹太人看来，一个人不管到了多大年纪，也不管是贫穷还是富有，只要他还活着，就可以学习。犹太人认为，学习使人严谨，严谨使人热情，热情使人洁净，洁净使人克制，克制使人纯洁，纯洁使人神圣，神圣使人谦卑，谦卑使人恐惧罪恶，恐惧罪恶使人圣洁，圣洁使人拥有神圣的灵魂，神圣的灵魂使人永生。因此，知识具有崇高的价值。

在日常生活中，经常会有人说"我的年纪太大了，还学什么"或者"工作太忙了，没有时间学习"，这对犹太人来说都是不可思议的事。犹太人认为，人可以通过学习保持青春，保持年轻的心态，而且，拥有知识能获得财富，获得精神上的富足。所以，只要活着，犹太人总在不停地学习，对犹太人来说，学习是一种神圣的使命。犹太人认为，学问的追求是没有止境的。他们秉持着这样一种理念：肯学习的人比知识丰富的人更伟大。

西勒尔年轻的时候有一个愿望，那就是专心致志地研究《犹太教则》。可是，他没有足够的时间，也没有充裕的金钱，他的愿望显得有些遥不可及。左思右想之后，西勒尔终于找到了一个可以达成心愿的办法：拼命地工作，靠工钱的一半过活，把剩下的钱送给学校的看门人。

"这些钱给你，"西勒尔对看门人说，"不过，请你让我进学校去听课，我很想听听贤人们在说什么。"

在几天之内，西勒尔就靠着这种办法听了不少课。可是他的钱实在太少了，到最后他连一片面包也买不起了。这时候，让他感到难受的并不是饥饿，而是看门人坚决地拦住了他，不再让他走进学校一步。

怎么办呢？后来，西勒尔终于找到了一个好办法。他沿着学校的墙壁慢慢爬上去，然后趴在天窗边。这时候，他就可以清楚地看见教室里面上课的情形，也可以听到教师讲课的声音。

安息日前夕，天寒地冻，冷风刺骨。第二天，学生们照常到学校去上课，屋外阳光灿烂，可是屋里却漆黑一片。学生们很纳闷，为什么这么暗？原来，西勒尔正躺在天窗上，他身上积了一层白雪，已经被冻得半死。他在天窗上已经躺了整整一夜了。

从此以后，凡是有人以贫穷或者没有时间为借口不去求学，犹太人就会这样问他："你比西勒尔还穷吗？你比他还没有时间吗？"

犹太人认为，学习知识的目的是增长智慧。

【犹太人成功励志书】

犹太人非常重视终身教育，即使是学识渊博、受人尊敬的教师，也不会停下学习的步伐，仍然坚持每天读书，以此来充实、完善自己，这是非常难能可贵的。在犹太人的家园里，无论是在街头巷尾，还是在车站或广场，专心致志读书的人随处可见；在每个犹太人的家中，书房的设立也是必不可少的。

犹太人孜孜以求地在知识的海洋中遨游，他们爱学习的品质为他们所拥有的智慧发挥了文化滋养的作用。

人只有加强学习，重视学习，其知识才能取之不尽，用之不竭。"学海无涯、学无止境"讲的就是这个道理。

不要吝啬在求知上的"投资"

在犹太人眼中，学习的目的不在于培养另一个教师，也不是简单地"复制"教师，而在于创造一个新的自己。

在犹太人眼中，财富不是最重要的东西，一个人早上腰缠万贯，晚上也许就会一贫如洗。金钱可以被带走、被剥夺，唯有知识才是一旦拥有便永不流失的东西。犹太人最大的"护身符"就是知识和智慧。

在一条客船上，船客大部分是腰缠万贯的大富翁，其中夹杂着一名智者。

富翁们聚在一起相互炫耀财富的多寡。智者见后说道："我认为我才是最富有的人，不过现在暂时还不能向各位展示我的财富。"

航行途中，客船遭到海盗抢劫，富翁们所有的财产都被搜刮一空。

海盗离去后，客船好不容易才抵达港口。智者的高深学问立即受到港口人们的赏识，他开始在学校里开班授课。

不久，这位智者遇到先前同船而来的富翁们，他们一个个处境凄惨。这时，他们看到智者受人尊敬的样子，都明白了当初他所说的"财富"，纷纷感慨地说："您说得对，受过教育的人才拥有无尽的财富。"

这个故事告诉我们，知识胜过钱财，知识是人最重要的资产。

在金钱、健康、权力和知识之间，人们可以做出不同的选择。

有些人可以为了摆阔花上数万元，却不肯为了买一本书花几块钱；有些人几千块钱的手机可以一年一换，却狠不下心为一个培训班交钱。那么，究竟钱花在摆阔上更有价值呢，还是花在获取知识上更有价值呢？答案显而易见。

美国一个机构曾对10多个城市通过博彩获得巨大财富的人进行调查。结果发现，在这些突然成为巨富的人之中，在10年后，67％的人把获得的财富挥霍一空，回到了原来的生活；12％的人有了钱后逐步过上了富裕的生活；3％的人能够保持他们的财富并使其有所增值；18％的人比成为巨富前生活得更差。产生上述差别的原因在哪里呢？就在于他们自身的知识积累和文化修养。调查显示，人有知识、有能力才能拥有财富，没有知识、没有能力即使获得财富也会失去。

分析众多犹太商人的成功经历，你会发现，他们大多是先通过不断学习成为某一行业的专家后才走上成功之路的。与犹太商人打交道时你会发现，犹太商人的知识面很广，眼界很开阔，就连一个犹太钻石商人，很可能也会对"太平洋底部有哪些特殊鱼类"这样的问题都一清二楚。

学识渊博不仅提高了犹太商人的判断力，在商务谈判中还增强了他们的修养和风度，所以犹太商人容易赢得客户的信赖。在商业投机、冒险、垄断、创新等方面，犹太商人的成功率也较高。据一些学者说，在今天的美国，最注重学习的，把生意做得最好的，还是犹太人。犹太人文化底蕴之深厚，可见一斑。

因此，千万不要吝啬在求知上的"投资"。

书是人最好的朋友

犹太人历来重视教育，爱护书籍，看重学识，推崇智慧。《塔木德》中说："把书本当作你的朋友，把书架当作你的庭院。你应该为书本的美而喜悦，采其果实，摘其花朵。"

有这样一个故事：

有一个犹太男孩，他对学习不感兴趣，他的父母做了很多努力，但毫无进展。最后，他的父母不得不放弃努力和尝试。他们对儿子的要求改为：不读其他书可以，但必须好好读完《创世纪》这一本书。

后来，敌军攻进了他们所居住的城市，这个男孩与众多市民一起被俘了。男孩被囚禁在一个遥远的城市。

凯撒大帝来到这个城市视察男孩被囚禁的监狱。视察期间，凯撒大帝想看看监狱里的藏书。凯撒大帝手里拿着一本《创世纪》，却怎么也读不懂。他想：这可能是一本犹太人的书。于是，凯撒大帝问道："这里有人能读懂这本书吗？"

凯撒大帝的话提醒了典狱官：犹太人的书？这里有犹太人呀。典狱官想到了那个男孩。

"有。"典狱官答道，"我这就带他来见您。"

典狱官将男孩找来，说："如果你不能读这本书，凯撒大帝就会要你的脑袋。"

男孩回答："行，父亲教我读过这本书。"

男孩被带到凯撒大帝面前，凯撒大帝将书递给他。男孩开始读起来，从"起初，上帝创造天地"一直读到"这就是天国的历史"。

这是《创世纪》里第一章的内容。

凯撒大帝听着男孩的解读，沉思后说道："这显然是上帝向我打开了他的世界，要我把这孩子送回到他父母的身边。"

于是，凯撒大帝送给男孩许多钱，并派两名士兵把男孩护送回他父母身边。

这个故事告诉人们，人读书不论多寡，只要拥有智慧，身怀技能，就不会惧怕任何困难。

犹太人非常重视知识，他们把书当作知识的源泉。在《犹太法典》中有许多关于书的良言：

"一个人在旅途中如果发觉一本故乡人未曾见过的书，他一定会买下这本书，带回故乡与乡人共享。"

"生活困苦之余，不得不变卖物品度日，你应该先卖金子、房子和土地，到了最后一刻，仍然不可出售任何书本。"

"即使是敌人，当他向你借书的时候，你也一定要借给他，否则你将成为知识的敌人。"

【犹太人成功励志书】

书是什么味道？在犹太家庭中，当小孩稍微懂事时，母亲就会翻开书，滴上一点儿蜂蜜，让小孩去舔书上的蜂蜜。这种仪式的用意不言而喻：书是甜的。

在以色列，书刊的价格非常昂贵，每份报纸售价 6 美元，订一份报纸每月需要 100 多美元，但普通以色列人对报刊订阅十分慷慨大方，每家每年都要订阅好几份报刊。

据联合国教科文组织 1988 年的一次调查，在以犹太人为主的以色列，14 岁以上的人平均每月读 1 本书，平均每人的读书量高居世界各国之首。以色列各村镇大多建有环境高雅、布置到位、藏书丰富的图书馆或阅览室。在这个仅有 500 多万人口的国家，有各类杂志 900 多种。热爱学习、崇尚读书的行为，在犹太民族中蔚然成风。

让孩子正确认识理财

大多数犹太商人看起来更像学者，他们学识渊博、风度儒雅，身上透着一股书卷气。这并非因为犹太商人都有高学历，都在学校学习过许多年（事实上，老一辈的许多犹太商人因各种原因多半没受过多少正规学校教育），而是因为犹太民族的文化传统和学习习惯。犹太民族很早就将学习上升到"资本"、"资产"的高度，将知识比作"抢不掉而又可以随身带走的资产"。

因而，教育好孩子的理财观念是每一个犹太人的使命，犹太人很重视对孩子的早期教育和家庭教育。《塔木德》中说："人类有三个朋友：小孩、财富、善行。"犹太人在孩子很小的时候，就会向孩子灌输正确的财富理念。

石油大王洛克菲勒就是因为小时候受到良好的财富教育，所以在其后来的人生中，尽管富甲一方，却十分节俭，他以同样的方式教育自己的孩子，让他们正确认识金钱，懂得理财的重要性。

洛克菲勒出生于一个典型的犹太家庭，他的父亲经常用犹太人的教育方式教育他的几个孩子。在小洛克菲勒四五岁的时候，父亲就让他帮妈妈提水、拿咖啡杯，然后给他一些零花钱。父母还把各种劳动都标上了价格：打扫 10 平方米的室内卫生可以得到 0.5 美分，打扫 10 平方米的室外卫生可以得到 1 美分，给父母做早餐可以得到 12 美分。孩子们再大点儿的时候，父母就不再给孩子零花钱了，而是告诉孩子如果想花钱，就自己去挣！

于是小洛克菲勒就到了父亲的农场干活，他帮父亲挤牛奶、跑运输，包括拿牛奶桶，一笔一笔都算好账。洛克菲勒把每一个细小的环节都量化，到了一定的时候就和父亲结算。每到这个时候，父子两个就开始对账本上的每一项工作任务讨价还价，他们经常会为一项细微的工作而算来算去。

小洛克菲勒 6 岁的时候，一天，他看到有一只火鸡在不停地走动，很长时间也没有人来找，于是他捉住那只火鸡，把它卖给了附近的农民。还有一次，小洛克菲勒把从父亲那里赚来的 50 美元贷给了附近的农民。谈好利息和归还的日期之后，到了时间小洛克菲勒就准时去讨要，毫不含糊地收回 53.75 美元的本息，这令当地的农民觉得不可思议：这样小的孩子居然有这么强的商业意识。

洛克菲勒成名之后，他也以这种教育方法对待他的儿女。在他的公司，他拒绝儿女们进入，即使是他的妻子，他也极少让她进入公司，除非有什么着急或特别的事情。

有一次，洛克菲勒15岁的二女儿玛利亚有事情找他，于是去了他的公司，恰巧他出去办事不在，等他回来了，知道玛利亚进过他的公司，他居然在家里少有地大发雷霆。这就是洛克菲勒式的教育方法，他要让他的儿女们知道，一切要靠自己的奋斗去获得，而绝不能因为自己有个富翁爸爸而觉得有所依靠。

在家里，洛克菲勒搞了一套完整的虚拟的市场经济，他让自己的妻子做"总经理"，让孩子们做家务，由妻子根据每个孩子做家务的情况，给他们零花钱。

洛克菲勒还让他的孩子们学着记账。他要求孩子们在每天睡觉的时候必须记下当天的每一笔开销，无论是买小汽车还是买铅笔，都要如实地一一记录。洛克菲勒每天晚上都要查看孩子们的记录，无论孩子们买什么，他都要询问为什么要买这些东西，让孩子们做出合理的解释。

如果孩子们的记录清楚、真实，而且解释得理由充分，洛克菲勒觉得满意，那他就会奖赏孩子们5美分。如果他觉得不满意则会警告孩子们，如果再这样就从下次的劳动报酬中扣除5美分。洛克菲勒的这种询问孩子花销、但是绝对不干涉的政策，让孩子们很高兴，他们都争着把自己记录得很整齐的账本拿给父亲看。

洛克菲勒经常告诉孩子们，要学会过有节制的生活。洛克菲勒在厨房里摆放了6个杯子，杯壁上写着每个孩子的姓名，杯子里面装的则是孩子们一周用的方块糖。如果哪个孩子过多地贪吃了杯子里的糖，那么等到别人喝咖啡放方块糖的时候，他就只能喝苦咖啡了。他如果想要得到糖，那就只有等到下周父母发放了。经过这样的几次训练，孩子们都知道了有节制的生活是有好处的，而如果随便消费自己的东西，消费完了等待自己的就只有苦味了。

洛克菲勒这些有关财富的教育让孩子们很早就知道了怎样投资、怎样获得财富、怎样理财，这些为他们日后的成功积攒了重要的经验。

犹太人对孩子的理财教育主要通过学校、家庭、社会三种途径来进行，要求孩子达到不同的目标：

3 岁开始接受经济意识教育，开始辨认钱币。

4 岁学会用钱买简单的用品。

5 岁弄明白钱是劳动得到的报酬。

6 岁能数较大数目的钱，开始形成攒钱意识。

7 岁能看懂商品价格标签，并与自己的钱比较，确认自己有无购买能力。

8 岁懂得在银行开户存钱，并想办法自己挣零花钱。

9 岁可制订自己的用钱计划，学会买卖交易。

10 岁懂得节约用钱，在必要时购买较贵的商品。

11 岁学习评价商业广告，从中发现价廉物美的商品。

12岁懂得珍惜钱，知道钱来之不易。

12岁以后，完全可以参与成人社会的理财、交易等商业活动。

随着经济的发展，金钱对儿童价值观念的形成产生了极大的影响。儿童对钱还没有完全了解，他们只是从切身所接触到的事情来理解钱的作用，并形成了一些最初的价值观念。可见，如果父母注重对孩子的早期财富教育，那孩子一旦进入社会遇到良好的机会，当别人还在懵懵懂懂的时候，他们就可以捷足先登、发家致富了。因而，要想让孩子日后成为富有的人，对孩子早期的人生财富观教育是不可缺少的。

那么，父母应该如何培养孩子的财富观呢？

（1）树立孩子正确的财富观，让孩子正确地认识金钱

钱币、信用卡、账单……大多数孩子分不清哪个是哪个，学龄前的孩子可能还无法理解信用卡与金钱之间的关系，所以，让孩子认识钱币是第一步。在孩子面前，爸爸妈妈最好多使用现金消费；数钱的时候，不妨让孩子也参与进来，这样能教会他计算，还能培养他的理财能力。当然，用现金并不意味着放弃使用方便的信用卡，爸爸妈妈可以在每次收到银行账单时，告诉孩子账单和信用卡究竟是怎么一回事，让孩子慢慢懂得这卡片的实际意义。

（2）让孩子当管家

就像玩过家家一样，小孩子们都喜欢这样的游戏，父母可

以把理财当作游戏与孩子一起分享。比如，和孩子一起制作一个记账本，让孩子记录一天内的开销情况，像今天买书花了 10 元，买铅笔花了 2 元，在小账本上记录下来。这样，孩子就有了初步的花费概念。慢慢地，他就会发现零用钱是有限的，他们会重新设计自己的购买计划，逐渐养成对金钱使用的预算能力。

（3）带孩子去银行办业务

父母可以带孩子去银行存取钱，并为他们开设一个账户，亲自教他们怎样把钱存入银行。比如，孩子手上有 100 元，那么父母可以引导孩子留多少自用、存多少、取多久。一开始可以把存期缩短，比如 3 个月或半年，让孩子在短期内看到存款的数目在增加或减少，这样孩子会对与这笔钱相关的理财信息十分感兴趣，自觉地学习一些理财方面的知识。

（4）让孩子结账

带着孩子一起去超市购物，让孩子结账，不但可以让孩子理解买与卖的关系，还可以让他体验购物的乐趣，从而知道物有所值的道理。结账时父母可以从旁给予指导，比如：为什么我们要买面包而不买饮料呢？因为饮料家里有了，暂时不需要买。这样不但可以建立孩子的金钱观，还会让他知道钱怎样使用才得当。

（5）学会支配零用钱

当孩子开始上幼儿园了，此刻是应该给孩子零用钱的时候，这样做的目的不仅是提供零用钱，也是教导孩子金钱管理。父母最常自问的问题应是：该给多少零用钱？这没有标准答案，得视家庭经济状况而定，更重要的是观察孩子的需求和了解孩子花费的项目。但是，至少有一样是确定的：给零用钱得一致，每星期固定同一时间、同一金额。

富门寒教

《塔木德》中说："留钱给孩子，不如留德；留下好习惯，孩子一定能用得到。"这与我们中国父母所说的"再穷不能穷孩子"不一样，犹太人崇尚"再富不能富孩子"，他们认为这才是对孩子真正的爱。

有这样一个教育实例：

克鲁斯先生有一辆漂亮的小汽车，他每逢节假日就会带上全家人外出游玩。可是，克鲁斯每天上班总是一人驾车独往，绝不让10岁的儿子顺道搭车上学。一天，儿子的气管炎又犯了，走路也有点儿困难，他央求爸爸送他一程。"不行！"克鲁斯斩钉截铁地拒绝了。儿子只好背着大书包、沿着街道慢慢地向学校走去。当他艰难地在十字路口正欲走上高高的天桥时，突然发现爸爸正站在天桥底下等他。克鲁斯见了儿子什么也没有说，只是掏出手帕擦去儿子的泪痕，然后一手拉着儿子，一手为儿子提着大书包缓缓地登上一级级台阶。"孩子，不要怪爸爸，你现在是学生，不能坐车上学。将来等你长大有出息了，一定能靠自己的本事买辆比爸爸这辆更好的轿车。"克鲁斯的眼圈有点儿发红。

像这种"富门寒教"的方式难道不令我们反思吗？

对很多中国人来说，自己生的孩子，基本是属于自己的，甚至有点像自己的私有财产。于是，中国父母会对孩子比对自己还好：一出生就怕他摔着碰着；小时候想着让他进好学校；进了好学校想着怎么样让他考个好大学；考上了好大学，想着怎么给他找份好工作；找到好工作了，想着怎么给他找个好配偶，怎么帮他买套好房子……

给孩子们留点儿东西，是天下所有父母的共同心愿。但"留什么"和"怎么留"，却是对所有父母的考验。

跻身福布斯富豪排行榜、被称为"盖茨二世"的23岁美国男孩马克·扎克伯格，在20岁的时候主动选择离开优越的家庭，和朋友一起创办了让雅虎和谷歌都不敢小觑的社交网站。现在，马克依然住在他租来的一室一厅里。用他自己的话说："我对父母的财产没有太大的兴趣。我只是想建立自己的事业，其他事情我都不关心。"

从美国石油大亨洛克菲勒到近一代的财富新贵比尔·盖茨、沃伦·巴菲特及沃尔玛百货创办人山姆·沃尔顿等，他们都是清一色的白手起家的最佳典范。他们为了要让下一代铭记创业之苦以及明了"万丈高楼平地起"、不可短视近利的教训，从小就不让孩子过养尊处优的日子，反倒比一般人更严苛地要求孩子，控制孩子的消费，让孩子学会每一分钱都"花在刀刃上"。

比尔·盖茨是一个与众不同的人，单从他对待孩子的态度上就可以看出来。众所周知，比尔·盖茨与妻子都十分疼爱自己的孩子，但是在满足孩子的一些要求上，他们绝对是一对"吝啬鬼"。

比尔·盖茨从不会给孩子一笔很可观的钱。当小儿子罗瑞还不会花钱、但女儿珍妮佛已经可以拿着零用钱买自己喜欢的东西时，罗瑞总是抱怨父母不给自己买他最想要的玩具车。对此，比尔·盖茨有自己的说法，他认为："再富也不能富孩子。"

富裕和贫穷是两类家庭环境，对孩子各有利弊：家庭富裕能给孩子提供好的环境，使孩子见多识广，思维活跃，为人慷慨。但财富的负面作用也会使孩子不能及早独立，缺少吃苦耐劳的精神，花钱大手大脚。而家境窘困的孩子，可能少了些好的教育和生活环境，但往往意志坚强，不畏艰苦，最终磨砺成才，但他们也会有对人吝啬、不舍得付出的问题。所以，不管在什么家庭条件下成长的孩子都需要理财教育，需要从小培养正确的价值观。

会思考，善思考，离成功最近

为数不少的犹太人之所以能成为享誉世界的富商大亨，跟他们的思考智慧是分不开的。犹太人的思考智慧决定了他们的"钱袋"，成就了他们的财富人生。

犹太人认为，世界上的大多数东西都是有价的，几乎都能买到，唯有思考是无价之宝。拥有思考智慧，就能拥有财富、地位，甚至权力。犹太人还认为，思考可以让人失而复得，即使失去一切，他们也不会悲观失望，而是相信自己的思考智慧能让自己东山再起。

有这么一个故事：

战火烧到了犹太人的居住区，一个女孩哭着寻找她最心爱的东西，她的妈妈看到后，跑到她身边对她说："孩子，你最宝贵的东西一直都在你自己的身上，你无须再寻找什么了，就算战争夺走了我们的家园，我们也不必太难过！金银财宝都是身外之物。人最宝贵的东西是思考，因为思考是与生命连在一起的，所以，只要活着就有机会将思考智慧无限地运用，而一个人有了智慧，还怕会没有金钱、没有房子、没有家园吗？所以我们要带走的只有自己思考的智慧！"

犹太民族经典著作《塔木德》中有言："你只要活着，思考智慧就永远跟着你。"的确，拥有了思考智慧就相当于拥有了一切，除了自然界，世界上的任何事物几乎都是人凭借智慧创造出来的。犹太人最看重思考智慧，他们认为，没有思考智慧的人不会有大的成就，没有思考智慧的商人无法赚到大钱。犹太商人大都学识渊博、头脑活跃。正是因为拥有如此渊博的学识和精明的头脑，犹太商人才会在生意场上始终立于不败之地，成为公认的"世界第一商人"。

有3个人要被关进监狱3年，监狱长许诺答应他们每人一个要求。美国人爱抽雪茄，便要了3箱雪茄；法国人最浪漫，希望能有一个美丽的女子相伴；而犹太人，只要一部能够与外界联系的电话。

3年之后，第一个冲出来的是美国人，他嘴里鼻孔里塞满了雪茄，大喊道："给我火，给我火！"原来他忘记要打火机了。

接着出来的是法国人。只见他手里抱着一个小孩，旁边的美女手里牵着一个小孩，肚子里还怀着一个。

最后出来的是犹太人，他紧紧握住监狱长的手说："这3年来我每天都与外界联系，我的生意不但没有停顿，利润反而增长了200%，为了表示感谢，我送您一辆劳斯莱斯！"

这虽然是一则笑话，从中却可以看出犹太人的思考智慧。在现实生活中，犹太人正是凭借着过人的思考智慧赢得了巨额的财富，取得了巨大的成功。

《塔木德》中说："宁可变卖所有的财产，也要把女儿嫁给学者。为了能让女儿嫁给学者，就算失去一切也无所谓。"这段话体现了犹太人对智慧的无限渴望，他们将智慧视作财富，渴望把自己头脑中的智慧变成手中的金钱，这就是犹太人的过人之处。

在犹太人看来，知识和金钱是成正比的，只有拥有广博的知识才能在复杂的生意场上少犯错误，这是赚钱的根本保证，也是商人的基本素质。

犹太人大卫·布朗的父亲经营着一家小型齿轮制造厂，几十年来一直惨淡经营，收入仅够支付全家人的生活费。布朗的父亲知道自己之所以无法经营好工厂，是因为缺少专业知识的储备，所以他把希望全都寄托在布朗身上。

为此，父亲严格要求布朗，在布朗很小的时候就要求他多读书多思考。每逢假日，父亲就带布朗到自己的齿轮厂去参加劳动，与工人们一样艰苦工作，绝无特殊照顾。布朗在工厂里工作了很久，掌握了很多知识。

长大后的布朗通过观察，发现当时汽车的使用率已经很高，预测汽车大赛会成为人们的一种娱乐方式。于是，布朗决定利用自己在齿轮业务上积累的经验,往赛车生产这个目标上奋斗,大力开展赛车生产。布朗克服了重重困难,成立了大卫·布朗公司,并重金聘请专家和技术人员进行汽车设计,采用先进的技术和设备进行汽车生产。

在1948年比利时举办的国际汽车大赛中,布朗公司生产的"马丁"牌赛车夺魁,大卫·布朗公司因此一举成名,订单如雪片般飞来,布朗从此走上了发迹之路。

犹太人热爱财富,但更热爱思考智慧。如果你问犹太人什么最重要,答案一定是思考智慧。成功离不开思考智慧,经商也离不开思考智慧,犹太人在长期的经商过程中将他们的聪明才智挖掘得纤毫毕现,将潜力发挥得淋漓尽致。

有个西班牙商人十分欣赏犹太商人的经商智慧,于是努力向犹太商人学习,后来他也取得了不小的成就——他的女式手提包的生意十分红火,并在服饰品贸易的经营中站稳了脚跟。后来,这名西班牙商人发现犹太人经营的钻石生意更为赚钱,于是也想改行去做钻石生意。不过这位西班牙商人看到身边不少西班牙人经营的钻石生意并不景气,为了避免遭受同样的命运,他就找到世界著名的钻石大王玛索巴士,向玛索巴士提出了自己的疑问。

学识渊博的犹太商人玛索巴士听完西班牙商人的来意,冷不丁地问了他一句:"你知道澳大利亚海域有什么热带鱼吗?"

西班牙商人被这个问题弄晕了，心想钻石大王问这个干吗？这和钻石生意有关吗？看到西班牙商人哑口无言的样子，这位钻石大王语重心长地说："做钻石生意需要具备丰富的知识，你对钻石的来源、历史、种类和品质都不了解，就不知道如何去经营。而要具备判断钻石价值的基本经验和知识就要不断地学习和积累，这至少需要 20 年。所有相关的知识你也要去了解，这样才可以真正培养出看市场的眼光。"西班牙商人听了，不禁为自己的才疏学浅羞愧不已。虽然他早就听闻犹太人经商的眼光和谋略不同凡响，但如今听了玛索巴士的话，不禁从心里更加佩服犹太人，他明白了犹太商人成功是因为继承了几千年来祖先留给他们的经验，这绝非一日之功可以达到。这位西班牙商人自知自己没有这个积累也很难经营好钻石生意，便很自觉地远离了钻石行业。

可见，若想成为一名成功的商人，除了要让自己成为所在行业的专家以外，还要兼顾其他领域，尽可能多地掌握市场行情，这样才能为日后取得更大的成功奠定基础。

虽然世界是多变的，但思考智慧会始终陪伴一个人的一生，拥有了思考智慧便相当于拥有了人生最大的财富。会思考、善思考的人会发现生活的美好所在，会用智慧为自己的人生出谋划策，创造巨大的财富。

想办法，想方法，努力克服困难

在生活中，人们会遇到各种各样的困难，很多困难会让人们感到无比"头疼"，很多时候人们会一时找不到合适的解决困难的方法。

《塔木德》中说："上帝每制造1个困难，也会同时制造3个解决困难的方法。办法总比困难多，凡事都有解决的窍门。"世界上只要有困难，就会有解决困难的方法。而要找到正确的解决方法往往要有活跃的思维，要善于打破常规。有人曾这样高度评价犹太人的聪明才智："3个犹太人坐在一起，就可以决定整个世界！"这话虽然有些偏颇，但却说明了犹太人的聪明才智表现在他们善于运用智慧去寻找解决困难的"窍门"，所以他们更容易获得成功。

有一段时间，犹太商人杰恩作为日本凌志汽车在美国南加州的销售代理，遇到了困难。人们因为海湾战争和社会稳定问题，拒绝日产汽车，杰恩面临着失去工作的危机。

杰恩放弃了销售人员惯用的做法——继续在报纸和广播上

投放大量的广告，等着人们来下订单。杰恩经过一番思考，在分析了解决当时问题的关键之后，列出了若干种可以实施的办法，最后确定了其中的一种，作为改变销售形势的策略。

杰恩是如此分析的：假设你开过一辆新车，然后再开自己的旧车，你会发现旧车突然之间有了很多让你不满意的地方。或许之前你还可以继续忍受旧车的诸多缺点，但是当你知道了还有更好的车，你会不会决定去买辆新车呢？

于是，杰恩吩咐若干销售人员各自开一辆凌志新车到富人常出没的地方——乡村俱乐部、码头、马球场、比佛利山庄和韦斯特莱克的聚会地等，邀请那些富人坐到崭新的凌志车里兜风。这些富人尝过了新车的美妙体验以后，再坐到自己的旧车里的时候，果然有了很多抱怨，于是陆陆续续来购买或租用新的凌志车，杰恩的生意恢复了正常。

杰恩的方法的效果是立竿见影的。他抓住了解决问题的关键，给消费者一个切身体验的机会，让他们亲身体验新车的优势。这样自然会达到更好的广告效应。由此可见，无论做什么事情，只有抓住解决问题的关键，善于打破常规思维，才能获得更大的成功。

犹太人经常运用自身的智慧，找出一些"窍门"，从而巧妙地获得成功。有这样一个故事：

1956 年，以色列与埃及交战。以色列军队企图夺取西奈半岛，其首要目标是埃及军队的核心要塞——米特拉山口。埃及驻西奈半岛的守军将领当然也十分明白，一旦米特拉山口失守，那么西奈半岛也就难以掌控了。因此，埃及守军将领除了派重兵镇守山口外，还在旁侧地带安排驻军策应，以备不测。"以我们目前的守备力量来看，米特拉山口应该是万无一失了。"镇守山口的埃军各部队首领信心满满。

10月的一天，米特拉山口的埃军阵地上空突然出现了4架以色列野马式战斗机。"不好，敌人要来偷袭我们。全体进入阵地，准备战斗！"指挥员下达了作战命令。埃军士兵纷纷进入掩体，举起自动步枪，架起高射机枪，准备射击。可是，以色列战斗机并没有对埃军阵地进行机枪扫射，也没有投下炸弹，它们轰鸣着，一会儿猛地掠地俯冲，一会儿又直插云霄。低飞时距地面不过4米高，而升起时又高到不见飞机的踪影。埃军官兵目瞪口呆，不明白以色列战斗机到底要干什么。"别傻看着了，快打电话向上级报告吧！"不知是谁提醒了一句，于是埃及官兵慌忙摇起电话，准备向上级报告。可是摇了半天，电话机就是听不到声音。"天哪，那几架该死的飞机把我们的电话线给割断了。这可怎么办呢？"

原来，以军用飞机的螺旋桨和机翼将埃军的电话通信线切断了。埃军官兵一下子陷入极大的惊慌之中。这时，一场大战开始了……

在埃及整个部队处于高度戒备状态准备奋力迎战时，以色列军队只运用4架战斗机就巧妙地切断了埃军的电话线，使其失去外援，以方获胜的概率就大了很多。很简单的一个故事，却具有非凡的意义。短兵相接、真枪实战可能无法取胜时，就需要开动脑筋找一些"窍门"了。

在犹太人看来，没有经过深思熟虑地鲁莽行事是最不可取的。因此，犹太人每遇到难题或"瓶颈"时，常常有以下三种方法：

（1）转换问题的定义

遇到问题不要太过沮丧，更不要太快放弃。与其把时间浪费在抱怨上，不如用来专注地思考问题的性质。观察问题的视角不同，答案及方法自然也就不同了。所以，遇到问题时换个立场想一想，转个角度看一看，就能帮助人们走出"盲点"。

（2）寻求他人的协助

必须打破"不有求于人"的心理障碍，善于求助才是智慧。多向人求助，自然会多一些出路。

（3）不"钻牛角尖"

遇到问题不"钻牛角尖"，暂时冷静一下，让自己有思考的时间也让自己能有机会听到他人的建议。

有困难就必定有克服困难的办法。常言道，山重水复疑无路，柳暗花明又一村。无论什么样的困难，总有办法解决。生活就是解难题，解开一个难题，就向前推进一步；一时解不开，或许要停顿一下，但这正是为了整理思路，从而更好地解决难题。

人需要有迎难而上的精神；需要有着力寻找解决问题的办法的决心；需要有勤于学习、了解新知识、掌握新技术、努力提高自己运用新方法的能力的恒心；还需要有在困难面前永不言败的信心。要相信，人的智慧是无穷的，办法肯定会比困难多。

找准商机，灵活变通，
走上致富之路

《塔木德》中说："水因地而致流，兵因敌而致胜，商因机而致富。"

很多年以前，一位犹太商人对他的儿子说："现在我们唯一的财富就是智慧，当别人说一加一等于二的时候，你应该想到一加一大于三。"

1946年，这位犹太商人一家来到美国，在休斯敦做铜器生意。一天，父亲问儿子1磅铜的价格是多少，儿子答35美分。父亲说："对，整个得克萨斯州都知道1磅铜的价格是35美分，但作为犹太人的儿子，应该说是35美元，你试着把1磅铜做成门把手看看。"

20年后，父亲死了，儿子独自经营着铜器店。他做过铜鼓，做过瑞士钟表上的簧片，做过奥运会的奖牌。他曾把1磅铜卖到3500美元，这时他已是麦考尔公司的董事长。然而，真正使他扬名的，是纽约州的一堆废料。

【犹太人成功励志书】

1974年，美国政府为清理给自由女神像翻新扔掉的废料，向社会广泛招标。好几个月过去了，仍然没人应标。正在法国旅行的那位犹太商人的儿子听说后，立即飞往纽约，看过自由女神像下堆积如山的铜块、螺丝和木料后，未提任何条件，当即签了字。

纽约许多运输公司为他的这一"愚蠢"举动暗自发笑，因为在纽约，垃圾处理有严格的规定，弄不好会被环保组织起诉。就在一些人要看他的笑话时，他开始组织工人对废料进行分类。

他让人把废铜熔化，铸成小自由女神像；把水泥块和木头加工成底座；把废铅、废铝做成纽约广场的钥匙。最后，他甚至把从自由女神像身上扫下来的灰包装起来，出售给花店。不到3个月的时间，他把这堆废料变成了350万美元现金，远远超过每磅铜的价格。

灵活变通的经商原则让犹太人赚得盆满钵满，犹太人在做生意时绝不会固执己见，而是适时灵活地变通，显示出良好的变通能力。

一个犹太人走进纽约的一家银行，来到贷款部，坐了下来。

"请问我能帮上您什么忙吗？"贷款部经理一边问，一边打量着这位一身名牌穿戴的人。

"我想借钱。"

"好啊，您要借多少？"

"1 美元。"

"啊？只借 1 美元？"

"是的，只借 1 美元。可以吗？"

"当然可以，只要有担保，再多点儿也无妨。"

"好吧，这些担保可以吗？"犹太人说着，从皮包里取出一堆股票、国债等，放到经理的写字台上，"总共 50 万美元，够了吧？"

"当然！当然！不过，您真的只借 1 美元吗？"

"是的。"

"年息为 6%。只要您付出 6% 的利息，一年后归还，我们就会把这些股票还给您。"

"谢谢。"犹太人接过了 1 美元贷款。

然后，犹太人准备离开银行。

银行行长一直在旁边冷眼旁观，他怎么也弄不明白，拥有 50 万美元的人，怎么会来银行借 1 美元。他急忙赶上前去，对犹太人说："这位先生……"

"有什么事吗？"

"我有个问题想请教您。我实在想不明白，您拥有 50 万美元，为什么只借 1 美元呢？要是您想借三四十万美元，我们也会很乐意……"

"不必了。我来贵行之前，问过好几家银行，他们保险箱的租金都很高。所以，我就准备在贵行寄存这些股票、国债。贵行的租金实在是太便宜了，一年只需花 6 美分。"

这虽然只是一则故事，却反映出这个犹太人很强的变通能力。他没有受限于常情常理，而是独辟蹊径，找到了既保险又不需付出太多就能让证券锁进银行保险箱的办法。他是个精明的商人，又是个守规矩的商人，他能在不改变规则的前提下，灵活地让规则为其所用。

做一个精明的商人，必须要头脑灵活，善于变通，这样才能为自己谋取最大的利益。

有这样一个故事：

伊万酒兴大发，便向村里的一个犹太人借了一枚银币。他们双方商量好条件：伊万明年还两个银币，在此期间伊万需把自己的斧子抵押给犹太人。伊万刚要走，犹太人叫住他："伊万，等一等，我想起一件事，我觉得到明年要凑足两个银币对你来说有些困难，你现在先付一半不是更好吗？"这话使伊万"开了窍"，他将到手的那个银币还给了犹太人，然后回家了。走在路上伊万觉得不对，想了一阵子，自言自语地说："怪事，银币没了，斧子没了，我还欠犹太人一个银币——可是那犹太人说得还蛮有道理的。"

犹太人变通规则的能力从上面这个故事中可见一斑。很多犹太人能够按照自己的意图将规则在不违反原则的前提下转变为对己有利的事物。犹太商人善于应变的能力让他们在商场中如鱼得水，屡战屡胜，这也是他们取得成功的原因之一。《塔木德》中说："成功没有捷径可走，但是却可以有很多路径供人选择。"善于变通的人，永远不会把自己逼至"墙角"。

2001 年 5 月的一天，美国一位名叫乔治·赫伯特的推销员成功地把一把旧斧子推销给了布什总统，从而获得了布鲁金斯学会的"金靴奖"。

布鲁金斯学会的"金靴奖"是推销界的"奥斯卡"，在乔治得奖之前，其得主已空缺了 26 年。

克林顿当政期间，该学会出了一个题目：请把一条三角内裤推销给现任总统。8 年间，无数的学员为此绞尽脑汁，最后都无功而返。克林顿卸任后，该学会把题目换成：请把一把斧子推销给布什总统。

这件在其他人看来不可能做到的事，乔治·赫伯特却做到了。乔治·赫伯特给布什总统写了一封信，信中说："有一次，我有幸参观了您的农场（布什在得克萨斯州有一个农场），发现里面种着许多树，有些已经死掉，木质已经变得松软。我想，您一定需要一把斧子，但是以您现在的身体来看，小斧子显然太轻，因此您需要一把不甚锋利的老斧子，现在我这儿正好有一把，它是我祖父留给我的，很适合砍伐枯树……"

后来，乔治收到了布什总统 15 美元的汇款，他也获得了一只刻有"伟大的推销员"字样的金靴子。

有些时候，变换一下自己的思路很重要，懂得变通的人往往能够最后取得成功。

善于变通是与思考密不可分的，也许你会突然灵光一现，但这毕竟不是常有的事，而思考是变通的基础。人要让自己的大脑常常处于思考的状态，才能训练自己的思维，独辟蹊径。人如果不勤于思考，总安于现状，或凡事照搬自己以往的或别人的经验，遇到挫折与困难时坐等"援兵"，那么在学习和工作中就无法有所成就。

有时候，人们在做事时经常会因方法不当而走入"死胡同"。这时候，如果转换一下思路，或许就能让"死胡同"变成"通途"。而有的人不知道如何转变，只是一味地按照原来的思路走，反而让自己的路越走越窄，甚至出现"无路可走"的情况。

在微软，每一次面试通常都会有多位面试官参加。每一位面试官都要事先被分配好任务，比如，有的会出智力方面的问题，有的会考应聘者的反应速度，有的会测试应聘者的创造力及独立思想的能力，有的会考察应聘者与人相处的能力及团队精神，还有的会深入地问一些关于研究领域或开发能力的问题。在测试独立思考和善于变通的能力时，考官会问以下一类的问题：

请评价微软公司电梯的人机界面。

为什么下水道的盖子是圆的？

请估计一下某地共有多少家加油站？

这些问题不一定有正确的答案，但是由此可测出一个人的思维和独立思考的能力。这类题要回答好非常不易，而且也是无法事先准备的。

当然，灵活变通并不是投机取巧，也不是耍小聪明。善于变通的人，也不是圆滑、不负责的人。想要使难成之事最终做成，让自己的人生旅途处处顺心，就一定要学会变通技巧；能够在紧要关头化险为夷，让自己在社交中事事如意，也要学会灵活的应对方法。

善于变通，带来的是成功，是发展；不善于变通，带来的是停滞，甚至是死亡。"变通"一词，先有"变"后有"通"，只有"变"才能"通"。只有学会变通，善于变通，才能使我们眼前的路更宽！

打破思维中的"墙"，
激发自己创新的潜能

《塔木德》中说："开锁不能总用钥匙，解决问题不能总靠常规的方法。"

从前有一个犹太富翁，他有两个儿子。孩子大了，犹太富翁也老了。富翁开始苦苦思索，到底让哪个儿子继承遗产。富翁始终拿不定主意，想起自己年轻时白手起家，他忽然灵机一动，找到了考验儿子的好办法。

一天，富翁锁上宅门，把两个儿子带到100里外的一座城市，然后给他们出了个难题，许诺谁答得好，就让谁继承遗产。富翁交给两个儿子一人一大串钥匙、一匹快马，看谁先回到家，并把宅门打开。马跑得飞快，兄弟俩几乎是同时到家的。但是面对紧锁的大门，两个人都犯愁了。

哥哥左试右试，慌乱地从一大串钥匙中寻找最合适的那把；弟弟呢，由于他刚才光顾着赶路，钥匙不知什么时候丢了。两个人都急得满头大汗。突然，弟弟一拍脑门，有了办法。他找来一块石头，几下就把锁砸开，顺利地进去了。自然，继承权落在了弟弟手里。

在一般情况下，按常规办事是没有错的。但是，当常规已经不适应变化了的新情况时，就要解放思想，打破常规，善于创新，独辟蹊径。心理学研究表明，人们平时所使用的能力，只有人们所具备能力的 2% ~ 5%。这就说明，人要有打破常规的创造性思维。只有这样，才可能把心胸变宽广，把"一根筋"转变为多角度思考，在近乎绝望的困境中找到信心，找到希望，焕发出新的生机，从而获得出人意料的成功。

怎样才算打破常规呢？《伊索寓言》里的一个小故事给了我们一个形象的解释。

在一个暴风雨的日子，有一个穷人到富人家讨饭。

"走开！"仆人说，"不要来打搅我们。"

穷人说："只要让我进去，在你们的火炉旁烤干衣服就行了。"仆人认为这不需要花费什么，就让他进去了。

穷人在烤衣服时，请求厨娘给他一个小锅，以便他煮点石头汤喝，因为他实在太饿了。

"石头汤？"厨娘感到很奇怪，"我要看看你怎样把石头做成汤。"于是她答应了穷人的要求。穷人到院里捡了块石头，洗净后便放在锅里煮。

"可是，你总得放点儿盐吧。"厨娘看着锅里的石头说。她给了穷人一些盐，又给了穷人一点豌豆、薄荷、香菜。最后，厨娘又把能找到的碎肉末都放在了汤里。

你也许猜到了，这个穷人后来把石头捞出来扔回院里，美美地喝了一锅肉汤。

如果这个穷人刚开始便对仆人说："行行好吧！请给我一锅肉汤。"会是什么结果呢？毋庸置疑，他肯定什么都得不到，但他以不同寻常的做法为自己赢得了所需要的东西。由此可见，打破常规并不需要有天才的头脑，而是需要智慧和勇气。

保加利亚队与捷克斯洛伐克队在欧洲进行一场篮球锦标赛。当比赛只剩下8秒钟时，保加利亚队以2分领先，此时保加利亚队貌似已稳操胜券。但是，这次比赛采用的是循环制，保加利亚队必须赢球超过5分才能取胜。可要用仅剩的8秒钟再赢3分，谈何容易？这时，保加利亚队的教练突然请求暂停比赛。许多人对此付之一笑，认为保加利亚队大势已去，被淘汰是不可避免的，教练即使有回天之力，也很难力挽狂澜。可是，当比赛重新开始时，球场上发生了意想不到的事情：只见保加利亚队拿球的队员突然运球向自家篮下跑去，并迅速起跳投篮，球应声入网。这时，全场观众目瞪口呆，全场比赛时间到。当裁判员宣布双方打成平局需要加时赛时，大家才恍然大悟。保加利亚队这出人意料之举，为自己创造了一次反败为胜的机会。最终加时赛的结果，保加利亚队领先对手6分，如愿以偿地出线了！

保加利亚队的教练没有受思维定式的束缚，巧妙地从传统思维的"枷锁"中跳出来，自己往自己的篮筐里投球，从而获得加时赛的机会，并最终赢得胜利。

经验固然重要，但有时候不固守经验，才能获得更多的机会。因而，在实践中，人要善于打破常规思维的束缚，这对于一个人的成败具有非凡的意义。

美国加州有一家老牌饭店，该饭店的电梯过于狭小老旧，已经无法适应越来越大的客流量。于是，饭店老板准备配备一部新电梯。老板请来全国一流的建筑师和工程师，请他们一起探讨该如何安装电梯。这些建筑师和工程师的经验都很丰富，他们足足讨论了半天，最后得出一致结论：饭店必须停业半年，这样才能在每个楼层打洞，以便安装电梯。

"除此之外就没有其他办法了吗？"老板皱着眉头说，"要知道，那样营业额会损失很大。"但建筑师和工程师们坚持认为这是最好的方案。就在这时，饭店里的一位清洁工刚好经过，他听到了他们的话，说："要是我，就会直接在屋外装上电梯。"所有人都被清洁工的话震惊了，老板记住了这句话。第二天，饭店就开始在外面安装新电梯。这在建筑史上，也是第一次把电梯安装在室外。

人类的创新能力可以说是最伟大的奇迹，一个人每天都会做出许多决定，而每次做决定都是激发创意的好机会。所以，要大胆尝试新方法，尝试得越多，成功的概率就越高。

后退有时是向前，妥协有时能成事

以退为进方能更进一步，这是犹太人的处世哲学。他们认为，如果事事斤斤计较，强强对抗，势必两败俱伤，反倒不如采取暂时退让的方法，等待时机，以谋取更大的利益。《塔木德》中说："用争夺的方法，你永远得不到满足；但用让步的方法，你得到的可能比你期望的更多。"

投资大鳄索罗斯常说："如果你的表现不尽如人意，你首先要采取的行动是以退为进，而不是铤而走险。""退一步海阔天空"，当你做出后退决定的时候，正是你向前迈进的开始。

在欧洲，强烈的反犹太政策没能阻挡住犹太人罗斯柴尔德家族前进的步伐。当奥地利面临财政困难时，罗斯柴尔德家族看准时机与政府谈判。经过艰难的谈判，奥地利政府不得不答应让罗斯柴尔德家族进军奥地利。罗斯柴尔德家族终于"攻占"了奥地利这块坚硬的"生意冻土带"。

原来，当老罗斯柴尔德准备将经营范围扩大到法国以外的地域时，奥地利便是他的目标之一。罗斯柴尔德家族在谈判人选上颇费苦心：既不让才干非凡却稍显莽撞的长子尼桑去，也不让英俊机智的五子杰姆斯去，却派为人谦恭、憨厚朴实的次子萨洛蒙只身前往维也纳。萨洛蒙是一个谦谦君子，亲切和蔼，彬彬有礼，他奉行的原则是：以退为进。

萨洛蒙从募集奥地利国家公债着手，并使公债附上新的形式，使得公债具有很高的回报。

奥国公众群起反对，并采取抵制运动。萨洛蒙小心翼翼，他不触动反对派的利益，以忍让为主，对反动派的议论一句话也不反驳。他只在报纸上展示公债发行的经济收益宣传，让公众明白这是有利可图的好事，鼓励公众购买。萨洛蒙牢牢地抓住公众的"投机心理"，所制定的一切措施均以激发公众的投资欲望为目的。萨洛蒙甚至以家族的名誉做担保，因此逐渐赢得了公众的信任。

随之而来的是国家公债的暴涨。奥地利政府对萨洛蒙非常满意，公众也获得了实际利益，抵抗最终转为拥护。当然，获利最丰的当属罗斯柴尔德家族。奥地利政府、罗斯柴尔德家族、奥地利民众，三方皆大欢喜。

人们在谈及成功之道时，通常更多地强调利润第一，为了利润勇往直前、积极进取。然而有时候，一味地猛冲猛打追逐利益未必是最好的方法，以退为进反而是一种充满智慧的策略。退让并不代表懦弱、胆怯，更不是无能的表现。相反，退让有时候是一种前进，是为了更进一步。犹太人为人处世很少与人进行激烈的正面交锋，当产生矛盾时，他们往往会主动退让，以退为进，这也正是他们聪明的地方。

当年肯尼迪在竞选美国参议员的时候，他的竞选对手在最关键的时候抓到了他的一个"把柄"：肯尼迪在学生时代，曾因为撒谎而被哈佛大学退学。当时，这一把柄在政治上的影响是巨大的，竞选对手很可能以此为由击败他。

肯尼迪知道问题的严重性，但他很坦诚地承认了自己的错误，他说："我对于自己曾经做过的事情感到很抱歉。我做得的确不对。对此事我没有什么好辩驳的。"肯尼迪放弃了无谓的辩驳，直截了当地承认此事，并坦诚地道歉，这种处理方式让他得到了民众的谅解。

无独有偶，美国前总统克林顿也深谙以退为进之道。

当克林顿陷入桃色丑闻时，他没有一味地否认，而是主动承认了自己的错误。他采用以退为进的策略，让美国人民做出选择：让他下台或让他继续留在总统的位子上。结果证明，克林顿的坦诚得到了人们的原谅。

人在一生中，做错事是难免的，欲盖弥彰只会是错上加错。谁也保证不了不与他人发生矛盾、产生摩擦，如果因此而大动干戈，在犹太人看来，实在是得不偿失。犹太人认为，只要没有根本的利害冲突，即便自己占理，让三分又有何妨？而且，与人方便就是与己方便，尊重他人就是尊重自己。在退后一小步的同时，也是向前迈出了一大步。这样做不仅可以化解矛盾，还能够让彼此加深理解、增进友谊，从而达到双赢的目的。

犹太人古奥十分勤劳，由于买不起一般平地上的肥沃良田，他便独自找了一块山坡地。经过努力开垦，他把贫瘠的山坡地变成了产量甚丰的梯田。村庄里的许多穷佃农们看到古奥的成就，争相效仿，纷纷在山脚下开辟出一片一片的梯田。

起初，这些佃农们每天忙着自己田里的耕作，倒也相安无事。但是有一年，雨水不够丰沛，田里出现了明显缺水的现象。古奥由于早已做好充分的准备，早在山中找到了几处水源，挖好了渠道，将山泉水大量地引进他的梯田，所以，虽然其他佃农的梯田缺水，但古奥梯田中的作物依然欣欣向荣。

一天早上，辛勤的古奥如往常一般来到他的田里，却大吃一惊，整片梯田的灌溉水竟然全部流失了，梯田里一片干涸。古奥赶紧做了补救，除了将田里补满灌溉水之外，他还仔细地调查了为何田里会有失水的现象。结果，古奥在田埂上发现了一个极大的缺口。原来，其他梯田的佃农们趁夜里挖破了古奥的田埂，将古奥田里的水引入自家田地，去灌溉自己的旱田。古奥明白缘由后，并没有找他们理论，而是在接下来的几天中，加倍努力地工作，开挖了几条新的渠道，将他找到的水源顺利地引到与他的田地挨着的每一块缺水的梯田中，把那些佃农的梯田用水灌得满满的，让佃农们不再有缺水的恐慌。

从此之后，古奥和其他人的田地里再也没有缺水；辛勤的古奥也再也不用担心有人会来挖他的田埂了，而受到他恩惠的佃农们也纷纷前来感谢他。

我们不得不承认，奥古不仅是一个勤劳智慧的人，更是一个善于退让、善于解决矛盾从而赢得尊重的人。当他受到别人的"算计"时，他首先想到的不是谩骂、气愤、暴跳如雷或实施报复，而是以忍让的方式来解决问题、化解矛盾，这是最好的办法，利人利己。

所以，无论是在工作上还是在生活中，我们都应该向犹太人学习，不与人争，学会退让。后退有时是向前，妥协有时能成事，学会了这一点，我们为人处世的技巧将会得到很大的提高。

珍惜生命，人活着就会有一切

犹太人中有这样一种说法：人出生的时候之所以是哭着来到这个世界的，是因为每个人的生活中都会有痛苦，但人应该笑着离开这个世界。人生在世，活着不易，总会有一些不如意，但只要还活着，就要努力让自己开心过好每一天。

一个女人被情所伤，决定远走天涯。她来找拉比（犹太民族中的老师或智者）诉说苦恼，她痛苦地流泪，她告诉拉比，她即将远离。拉比说："离开前，请回答几个问题。"

拉比问："天涯在哪里？"

女人答："天涯很远，在天边。"

拉比又问："天边在哪里？"

"这个……"女人回答不出来，说，"请您指点。"

拉比说："天涯在你心里。"

女人问："天涯怎会在我心里？"

拉比说："既然你已被情所伤，走得再远，心仍然受伤，无所谓天涯；如果你觉得伤已平复，更无所谓天涯，天涯就在你心里。"

女人说："谢谢您的指点！那第二个问题又是什么呢？"

拉比问："你认为的幸福是什么？"

女人说："幸福就是爱啊。"

拉比说："错！幸福就是你还活着。"

女人更加不明白，"仅仅活着就是幸福吗？"

拉比说："在这个世界上，能活着就已经很幸福了。因为很多人来不及享受生命就匆匆地走了，难道你不觉得自己是幸福的吗？"

女人说："活着是一种幸福，可是也有痛苦。"

拉比说："那你认为的痛苦是什么？"

女人说："痛苦就是没有爱了。"

拉比说："错！痛苦也是你还活着。"

女人说："那我更加糊涂了，活着是幸福，活着怎么又是痛苦呢？"

拉比说："生而为人，就是要幸福和痛苦一起，这样才叫人生。你幸福是因为你还活着，你知道痛苦也是因为你还活着啊，不然你怎么会知道有痛苦呢！"

女人说："那我已经知道幸福和痛苦的意义，下一个问题呢？"

拉比问："爱是什么？"

女人说："爱就是长相厮守，不离不弃……"

拉比说："错！你这只是两性之爱，未免太过自私，除了你爱的那个异性，还有亲情、友情之爱，还有对生活的爱、对你所处的世界的爱、对你身边每一个人的爱、对你的工作的爱、对你所专长的东西的爱、对需要怜悯者的爱、对各种人世间你所不排斥的人或者事物的爱，这种爱难道不比使你现在所受伤的爱要博大、深邃得多吗？"

女人说："谢谢您的指点！我明白了，我应该以感激的心去面对生活，我所获得的美好、痛苦都是生活赐予我的，所以我是幸运的。生活也可以将曾经赐予我的收回。感谢您，我决定留下来，继续在这里生活，我会珍惜我现在所拥有的一切。"

女人走出拉比家，外面，阳光明媚，暖风习习。她忽然觉得，活着真好，活着就是幸福！

世界上每天都有许多人悄然而去，我们却能好好活着，这是一件多么幸运的事啊！我们可以感受到暖和的阳光，我们可以呼吸新鲜的空气，我们可以自由地行走于天地间，我们还有什么理由去无端地浪费自己的生命呢？我们应该高效率、高质量地"利用"我们的生命，使之变得充实而有意义，摆脱"名缰利锁"，看淡恩恩怨怨，以一颗平常之心善待他人，善待自己，追求内在心灵的真诚和真实。人如果能够过自己喜欢过的生活，做自己喜欢做的事，这才是真正的幸福和美满。所以，既然活着就是一种幸福，那么我们还有什么理由因为逆境而一蹶不振、失去生活的勇气呢？

没有一帆风顺的人生，有时候，逆境和挫折更能激发人的斗志，让人超越自我，实现人生的辉煌。犹太人深知这一点，所以当他们处于逆境的时候，他们不逃避、不放弃。他们知道挡在前进路上的挫折只能靠智慧去克服，而人只有在克服挫折的过程中才能成长与进步。犹太人不会对生活中的困难表示厌恶和恐惧，他们坚信逆境是上天赐予自己的"礼物"。犹太人常常说："请降下磨难，考验我的信仰；请降下苦痛，把我和普通人区分开；请给我逆境，让我成功。"他们以此来鼓励自己要坚强、愉快地生活。

1933 年 1 月，希特勒一上台，就发布了第一号法令，他把犹太人比作"恶魔"，叫嚣着要粉碎"恶魔的权利"。不久，哥廷根大学接到命令，要学校辞退所有从事教育工作的纯犹太血统的人。在被驱赶的学者中，有一位女士叫爱米·诺德，她是这所大学的教授，时年 51 岁。爱米·诺德主持的讲座被迫停止，就连她微薄的薪金也被取消。这位学术上很有造诣的女性，面对如此际遇，却心地坦然，因为她的一生都是在逆境中度过的。

诺德生长在犹太籍数学教授的家庭里，从小就喜欢数学。1903 年，21 岁的诺德考入哥廷根大学，在那里，她听了克莱因、希尔伯特、闵可夫斯基等人的课，与数学结下了不解之缘。诺德在学生时代就发表了几篇高质量的论文，25 岁便成了世界上屈指可数的女数学博士。

诺德在微分不等式、环和理想子群等方面的研究中做出了杰出的贡献。但由于当时妇女地位低下，她连讲师都评不上，在大数学家希尔伯特的强烈支持下，诺德才由希尔伯特的"私人讲师"升为哥廷根大学第一名女讲师。后来，由于科研成果显著，又是在希尔伯特的推荐下，她取得了"编外副教授"的资格。诺德热爱数学教育事业，善于启发学生思考。诺德终生未婚，却有许许多多"孩子"，她与学生们交往密切，和蔼可亲，人们亲切地把她的学生称为"诺德的孩子们"。

诺德离开哥廷根大学之后，去了美国工作。在美国，诺德同样受到了学生们的尊敬和爱戴。1934 年 9 月，美国设立了以"诺德"命名的博士后奖学金。不幸的是，诺德在美国工作不到两年，便死于外科手术，终年 53 岁。诺德的逝世令她的很多数学同行无限悲痛。爱因斯坦在《纽约时报》发表悼文说："根据现在的权威数学家们的判断，诺德女士是自妇女受高等教育以来最重要的富于创造性的数学天才。"

犹太人因逆境而生，犹太民族的历史给了他们适应逆境的坚韧品格。在那漫长的流离失所的历史中，犹太人学会了从绝境中发掘希望，学会了忍受生命之重，学会了从逆境中找出积极因素，学会了改变痛苦的局面，学会了寻找新的幸福。

犹太实业家路德维希·蒙德在学生时代曾在海德堡大学同著名的化学家布恩森一起工作，并发明了一种从废碱中提炼硫磺的方法。后来蒙德移居英国，将这一方法也带到了英国。几经周折，蒙德才找到一家愿意同他合作的公司，结果证明他的这个专利是很有经济价值的。蒙德由此萌发了自己开办化工企业的念头，他在柴郡的温宁顿买下了一块地建造厂房，同时，他继续实验，实验失败之后，他干脆住进了实验室，昼夜不停地工作。经过反复而复杂的实验，蒙德终于解决了技术上的难题。1874年厂房建成，起初生产情况并不理想，成本居高不下，连续几年企业亏损。同时，由于当地居民担心大型化工企业会破坏生态平衡，拒绝与他合作。在逆境中顽强求生的坚忍性格帮助了蒙德，他没有气馁，终于在建厂6年后的1880年取得了重大突破，产量增加了3倍，成本也降了下来，由原先的每吨亏损5英镑变为获利1英镑。后来，蒙德建立的这家企业成为全世界最大的生产碱的化工企业。

蒙德把逆境当作人生的一种挑战，在外在的压力之下，他的能力得到了充分的发挥，他不仅对自己的潜力有了新的发掘，他自身的价值也得到了进一步的提升。

人活一世，没有人可以清楚地知道自己在前进的道路上将要面对什么，也不会预先知道前进时路上的境况，但是，只要相信活着才是所有的希望成为现实的必要条件就可以了。好好珍惜自己的生命吧，苦与痛只是一种经历，困难与逆境也是暂时的，人只要拥有一颗坚强无畏的心，就能得到幸福与快乐。

中 篇
学会借力、借势，建立和谐人际关系

集众人之智为己所用

《塔木德》中说："一个人的才智和力量总是有限的。"人只有和他人团结合作，才能把事情做得更好。一个人要想取得成功，就需要集聚更多人的才智与力量，这样才能战胜困难。如果不懂得借助他人的才智，只凭"单打独斗"，就会大大降低效率，减缓奔向成功的速度。

林肯是个工作很勤奋的员工，但他有个最大的问题，就是不喜欢与人合作。他经常会怀疑同事的能力及工作热忱。对林肯来说，赞美同事是不可能的。在林肯的心里，似乎只有他自己才是公司里唯一有能力把事情做好的人。

尽管林肯非常努力，但他做出的成绩出乎意料得少，此外，林肯周围的环境里总充斥着不友好的气氛，这使他感到困惑，因为他以为自己一直给人相当随和的印象。其实，林肯不过是表面上做出随和的样子罢了，同事们都认为林肯没有合作精神，所以，都对他敬而远之，很少有人愿意跟他合作。

为此，上司不得不找到林肯，与他讨论此事："为什么你总是不信任你的同事？"

"噢，那是因为他们自己工作不用心，坦白说，我认为他们都不够努力！"林肯毫不掩饰他的不合作态度。

"那么你认为自己比他们要优秀得多吗？"

"那是当然！"

于是，上司将3个月以来他们部门每个人的业绩递给他看，"那么，你看看你又比这些所谓的不努力的人优秀多少吧。"

结果可想而知，林肯看完之后脸涨得通红，再也说不出话来……

可见，和人交往或一起工作，需要尽量配合他人，多与他人沟通、交流，多向他人学习。一个人的才智是有限的，只有与人合作，才能让自己更好地"发光发热"。

拿破仑·希尔年轻的时候在芝加哥创办了一份教导人们获得成功的杂志。当时，拿破仑·希尔并没有足够的资本运作这份杂志，所以他和印刷工厂建立了合作关系。后来，这份杂志办得很成功，虽然拿破仑·希尔必须花很多时间在这份杂志上，但是他很快乐。

然而，拿破仑·希尔没有注意到他的成功对其他出版商已经造成了威胁。在他不知道的情况下，一家出版商买走了他的合伙人的股份，并接收了这份杂志。当时，他不得不带着一种非常耻辱的心态离开了他那份以热爱为出发点的工作。

事后，拿破仑·希尔总结失败的最大原因时认为，他没有很好地与他的合伙人合作。他常常因为一些出版方面的小事和对方争吵。因此，他的自我和自负使他最终尝到了失败的滋味。

拿破仑·希尔从这次失败中学到了不少经营管理方面的经验。此后，拿破仑·希尔离开芝加哥前往纽约，在那里，他又创办了一份杂志。这次他学会了激励其他只出资、但没有实权的合伙人共同努力。在不到一年的时间里，这份杂志的发行量就比以前那份杂志多了两倍。而且，拿破仑·希尔由于愿意花时间与合伙人进行友好沟通，他再也没有遇到过之前在芝加哥发生的那种"拆台"的事情了。

拿破仑·希尔给我们提供了很好的教训和经验。世界上没有仅仅依靠自己就取得成功的人，任何成功者都须站在别人的肩膀上。孤胆英雄做不成大事。

有一位叫罗伯特·克里斯托弗的美国人，他想用 80 美元周游世界，并坚信自己能够实现这一梦想。他找出一张纸，写下了他用 80 美元周游世界的准备工作：

设法领取到一份可以上船当海员的文件；

去警察局申请无犯罪记录的证明；

取得美国青年协会的会员资格；

考取一个国际驾照，找来一份国际地图；

与一家大公司签订合同，为之提供所经过国家和地区的土壤样品；

与一家航空公司签订协议，自己可免费搭机，但需拍摄照片为公司做宣传。

……

当罗伯特完成上述准备工作后，年仅 26 岁的他就在口袋里装好 80 美元，开始了自己的环球旅行。以下是他旅行中的一些经历：

在加拿大巴芬岛的一个小镇用早餐，不付分文，条件是为厨师拍照；

在爱尔兰用 48 美元买了 4 条香烟；从巴黎到维也纳，费用是送给船长 1 条香烟；

从维也纳到瑞士，列车穿山越岭，只需要 4 包香烟；

给伊拉克运输公司的经理和职员摄影，结果免费到达伊朗的德黑兰；

在泰国，由于提供给酒店老板某一地区的资料，受到酒店贵宾式的待遇。

······

最终，罗伯特通过自己的努力，实现了 80 美元周游世界的梦想。此次旅行最重要的一点，就是在他的计划和经历中，他巧妙地利用和他人的合作，为自己实现目标提供了帮助。

这个聪明的青年深知一个人的才智和力量是有限的，因此他借力而为，以便达到自己的目标，这是他的过人之处。我们要学习这种智慧，学会集他人之智为己所用，借助他人的力量实现自我的提升。

借力、借势，轻松实现目标

《塔木德》中说："聪明人都是通过别人的力量去达成自己的目标。"犹太人善于借他人之力实现自己的目标。他们知道，一个人的力量是有限的，只有借助他人的力量，才能事半功倍，实现目标才会更容易、更快捷。犹太人认为，不管一个人的能耐有多大，他的智慧和才能都是有限的。唯有借助他人的才能和智慧，取长补短，为我所用，才能弥补自己的不足。因而，无论是商人、外交家、科技人才，还是其他领域的犹太精英，都在事业中善于借力、借势，以达到自己的目的。

一位出版商有一批滞销书，但苦于找不到销售方法。一天，一个主意冒了出来——给总统送一本，于是，这个出版商三番五次地去征求总统对此书的看法。忙于政务的总统哪有时间与他纠缠，便随口说了一句："这本书不错。"谁知出版商从此便大做广告："现有总统喜爱的书出售。"不久，这些书就销售一空。

后来，这个出版商又有了卖不出去的书，他便又送了一本给总统。总统鉴于上次的经验，想奚落他，就说："这书糟糕透了。"出版商听后，灵机一动，又做广告："现有总统讨厌的书出售。"有不少人出于好奇争相抢购，结果书又销售一空。

第三次，出版商将书送给总统，总统接受了前两次的教训，便不予回答，将书弃在一旁，出版商却大做广告："有总统难以下结论的书，欲购从速。"结果这批书又被一抢而空。总统哭笑不得，出版商却大发其财。

故事中的这个商人就是善于动脑、善于借力的人。可见，借用资源是成功商人的"拿手好戏"，只要肯动脑筋，就能够取得成功。

著名的希尔顿从被迫离开家到成为身价 57 亿美元的富翁只用了 17 年的时间，他成功的秘诀就是善于借用资源。

希尔顿年轻的时候特别想发财，可是一直没有机会。一天，他正在街上转悠，突然发现整个繁华的优林斯商业区居然只有一个饭店。他想：我如果在这里建一所高档的旅馆，生意准会兴隆。希尔顿认真研究了一番，觉得位于达拉斯商业区大街拐角地段的一块土地最适合用来建旅馆。希尔顿调查清楚了这块土地的所有者是一个叫老德米克的房地产商人之后，就去找他。老德米克给希尔顿开了个价，说这块地皮售价 30 万美元。

希尔顿未置可否，他请来了建筑设计师和房地产评估师给"他"的旅馆进行测算。其实，这不过是希尔顿假想的一个旅馆，他问建造商他设想的那个旅馆造价需要多少钱，建筑师告诉他起码需要 100 万美元。

当时，希尔顿只有 5000 美元，但最终他成功地用这些钱买下了一个旅馆，使之升值后卖掉，不久他就有了 5 万美元。然后他找到了一个朋友，请朋友一起出资，两人凑了 10 万美元。当然这点钱还是不够买地皮的，离他设想的那个建旅馆的目标相差很远。许多人觉得希尔顿的这个想法简直是痴人说梦。

希尔顿再次找到老德米克，与之签订了买卖土地的协议，土地出让费为 30 万美元。然而，就在老德米克等着希尔顿如期付款的时候，希尔顿却对老德米克说："我想买你的土地，是想建造一所大型旅馆，但我的钱只够建造一般的旅馆，所以我现在不想买你的地，只想租借你的地。"

老德米克有点生气，不愿意和希尔顿合作了。希尔顿非常认真地说："如果我可以只租借你的土地的话，我的租期为 100 年，分期付款，每年的租金为 3 万美元，你可以保留土地所有权，如果我不能按期付款，那么你就可以收回你的土地和在这块土地上建造的旅馆。"老德米克一听，转怒为喜，30 万美元的土地出让费没有了，却换来 270 万美元的未来收益和自己土地的所有权，还有可能包括土地上的旅馆。于是，这笔交易谈成了。希尔顿第一年只需支付给老德米克 3 万美元，而不用一次性支付昂贵的 30 万美元。但是这与建造旅馆需要的 100 万美元相比，还是有很大差距。

于是，希尔顿又找到老德米克，说："我想以土地作为抵押去贷款，希望你能同意。"老德米克非常生气，可是却没有办法。

就这样，希尔顿从银行顺利地贷到了 30 万美元，现在他有了 37 万美元。可是这笔资金离 100 万美元还是差得很远。于是，希尔顿又找到一个土地开发商，请求开发商和自己一起开发这个旅馆，这个开发商给了希尔顿 20 万美元，这样，希尔顿的资金就达到了 57 万美元。

1924 年 5 月，希尔顿旅馆在资金缺口已不太大的情况下开工了。但是当旅馆建到一半的时候，希尔顿的 57 万美元已经全部用光了，希尔顿又陷入了困境。这时，他又来找老德米克，如实说明了资金上的困难，希望老德米克能出资，把建了一半的旅馆继续完成。希尔顿说："旅馆一完工，你就可以拥有这个旅馆，不过你可以租赁给我经营，我每年付给你的租金最低不少于 10 万美元。"

这个时候，老德米克已经被"套牢"了，只好同意出资继续完成剩下的工程。

1925 年 8 月 4 日，以希尔顿名字命名的"希尔顿旅馆"建成开业，希尔顿的人生开始步入辉煌时期。

希尔顿就是用"借"的办法，用 5000 美元在两年时间内完成了他的宏伟计划，不得不说他是善于借力、借势的高手。其实这样的方法说穿了也十分简单：找一个有实力的利益追求者，想尽一切办法把他的利益与自己的利益捆绑在一起，使双方成为一个不可分割的共同体，从而让对方帮助自己实现目标。

不论是商界、政界还是其他各界的成功者，大都是善于借用别人之"势"，巧借别人之"智"的高手。

美国前国务卿基辛格就是一位典型的巧于借用他人力量和智慧的高手。基辛格有一个习惯：凡是下级呈报上来的工作方案或议案，基辛格先不看，压上几天后，把提出方案或议案的人叫来，问他："这是你最成熟的方案（议案）吗？"对方思考一下，一般不敢肯定是最成熟的，只好答说："也许还有不足之处。"基辛格就会叫他拿回去再思考和修改得完善些。过了一段时间后，提案者送来修改过的方案（议案），此时基辛格把方案看完后又问对方："这是你最好的方案吗？还有没有比这方案更好的办法？"这又会使提案者陷入更深层次的思考，于是提案者把方案拿回去再研究。

反复让别人深入思考、研究，达到自己的目的，这就是基辛格理政的一个高招。

借助他人的智慧帮助自己达到目的，这就是借力的技巧。在现代社会，经济迅速发展，各行业、各部门之间的竞争非常激烈，单靠一个人的能力是很难取得成功的。群策群力，依靠大家的力量，才能轻松地实现目标。

犹太人是经商方面的专家，他们懂得如何借力、借势去实现经营目标，赚取更多的财富。如果一个犹太人在一条街道上开了一家餐馆，另一个犹太人则会选择开一家洗车店或是娱乐场所，而绝不会再开一家餐馆。因为开车去餐馆吃饭的人吃完饭顺便也会洗洗车，而专门去洗车的人也会因为有吃饭的需求而去餐馆；或者人们吃完饭之后需要放松，亦或是玩累了之后肚子饿，继而选择去餐馆吃饭。这样可以互相借力，共同赚钱，避免了同时开餐馆带来的竞争压力。

世界上第一条牛仔裤的发明者利维·斯特劳斯也是犹太人，他是 1849 年美国加利福尼亚州著名的"淘金潮"中的一员，但他并没有因黄金发家，而是借助这股"淘金潮"以牛仔裤发了家。利维·斯特劳斯发现高强度的劳动使得矿工们的衣服极易磨损，他们迫切希望有一种耐穿的衣服。在这种背景下，他决定放弃竞争激烈的淘金工作，独辟蹊径，发明了结实耐用的牛仔裤，用来满足矿工们的衣着需求。

"好风凭借力，送我上青云。"斯特劳斯虽然没有赚到采掘金矿的钱，却赚到了更多的钱。犹太人常常善于借助别人的力量，使自己的能力发挥出最大效果。很多犹太商人都有一个共同特点，那就是善于发现商机和拥有识人的眼光。犹太老板善于把每一个员工的力量和智慧淋漓尽致地发挥出来。所以，善借他人之力，既省力又省心，还能达到事半功倍的效果，何乐而不为？

巧借"东风"，善用他人
平台"调兵遣将"

做事不仅要"实干"，而且要"巧干"，巧借"东风"，善用他人的平台"调兵遣将"，以最小的成本做成自己最大的买卖，以此来获得最大的收益。经商成功的"捷径"就是将他人的平台最大限度地变为己用。很多人在商战中举一反三、触类旁通，能够最大限度地减少投入成本，获取最大的利益。

无论是一个国家的经济发展，还是一个人的从商经历，都会有一个初期的资本积累的过程。在初期无资金无技术无名气的情况下，要建立信誉和基础，就需要我们用智慧巧借他人的平台来搭建自己的事业，最终实现资本积累。

石油大王洛克菲勒早期和同行业的竞争者相比实力很弱，如果和对手正面竞争的话，不一定能够获胜，但他最终巧妙地借用第三者——铁路霸主——的平台，以低廉的运输价格挤垮了同行，最终实现了自己"小鱼吃大鱼"的理想。比尔·盖茨也是借用IBM的平台才逐步建造了自己的"软件帝国"的。

当没有平台时，借用且善用他人的平台，会使人在成功之路上走得更快些。

很多年前，阿迪·达斯勒兄弟俩在母亲的洗衣房里开始了制鞋。他们边制作边出售，鞋的销售情况良好。兄弟俩视质量为企业的生命，不断地在款式上创新。他们不厌其烦地根据每位顾客的脚的尺寸、形状制鞋，确保每一双鞋都能满足消费者的要求。兄弟俩的家庭制鞋作坊发展得很快，没几年就发展为一家中型的制鞋厂。

在 1936 年的奥运会来临之前，兄弟俩发明了短跑运动员用的钉子鞋。他们派人打探参赛运动员的情况，在得知美国短跑运动名将欧文斯很有希望夺冠的消息后，便将钉子鞋无偿送给欧文斯试穿，后来欧文斯果然不负众望，在比赛中获得了 4 枚金牌。于是，欧文斯穿的钉子鞋一举成名，阿迪鞋厂的新产品成了畅销货，阿迪鞋厂也成为阿迪公司，专营各种体育用品，但是传统的也最著名的产品仍是足球鞋。这些球鞋在世界的各个国家都非常受欢迎，阿迪达斯几乎成为足球鞋的代名词。

后来，阿迪公司再次借用奥运会运动员的宣传推出自己的品牌。比如，阿迪公司发明了可以更换鞋底的足球鞋，并把新产品无偿送给德国足球队。1954 年世界杯足球赛在瑞士举行。不巧，比赛前下了一场雨，赛场非常泥泞，匈牙利队员在场上踉踉跄跄，但穿着阿迪达斯球鞋的联邦德国队却健步如飞，并第一次获得了世界冠军。至此，阿迪达斯名震全球，成为世界制鞋业的"王者"。

阿迪达斯公司正是靠着奥运会和参赛的金牌得主们获得了品牌上的成功，他们借冠军的声名宣传自己，为公司的声势和品牌形象造势。阿迪达斯公司巧妙地借用了奥运会和奖牌得主们这一平台，使得阿迪达斯成为世界制鞋业的王者。

虽说经营任何事业都不可能一步登天，但是"登天"的方法却是多种多样的，只要方法得当，就可以快捷而省力。借用他人的平台、善用他人的平台"调兵遣将"正是绝佳的方法之一。《塔木德》中有这么一句话："没能力买鞋子时，可以借别人的，这样比赤脚走得快。"值得注意的是，借用平台之后最重要的是要善用，如果你不能正确地使用别人的平台，纵使"黄金之台"铺在你的脚下，你的成功之路也不会畅通。

广结"人脉"，找棵"大树"好"乘凉"

俗话说得好：一个篱笆三个桩，一个好汉三个帮。几乎所有成功者的共性之一就是擅长交际。他们知道，自己认识和认识自己的人越多，自己在事业上的机会就越多，因为"多个朋友多条路，多个敌人多堵墙"。所以，要想在事业上有所发展，一定要在广结人脉的过程中，善于寻找可以为自己遮阴挡阳的"大树"，因为"大树底下好乘凉"。

美国老牌影星柯克·道格拉斯年轻时落魄潦倒，包括许多知名大导演在内，没有人认为他会成为明星。有一次，柯克·道格拉斯乘火车出行，他的旁边坐着一位女士。漫漫旅途，时间难以打发，于是，柯克·道格拉斯主动与身边的女士攀谈起来，没想到这一聊就聊出了一个大机会。从此，他的人生开始改变。没过几天，柯克·道格拉斯就被邀请到制片厂报到。原来，火车上的那位女士是位知名的制片人。从此，柯克·道格拉斯因为结交了这位女制片人，找到了可以"乘凉"的大树，获得了一个展现自身表演才能的大好机会，从此，他的演艺之路越走越宽。

要想成就一番大事业，单靠自己一个人的力量是不够的。在自己力量薄弱时，就要善于借助"大树"的力量。借助"贵人"的帮助开辟出一片新天地，这不仅仅是一种谋略，也是一种成功经验的智慧产物。找到"大树"的好处在于：人容易脱颖而出；可以缩短奋斗的时间；随时随地能"有所庇护"。

法国小说家莫泊桑是 19 世纪著名的批判现实主义作家。他的《羊脂球》《俊友》《项链》等许多优秀作品至今广为流传。小时候的莫泊桑是个调皮捣蛋的学生，曾因盗窃被学校开除。后来，文学巨匠福楼拜发现了莫泊桑的文学天赋，并将他引上文学的大道，莫泊桑因此得以留名千古。福楼拜就是莫泊桑依靠的那棵"大树"。

莫泊桑在 1850 年出生于法国北部的诺曼底。他的父母在他幼年时分居，由母亲将他和弟弟抚养成人。因为母亲爱好文学，莫泊桑幼年时期的环境有很浓厚的文学氛围。文学巨匠福楼拜与莫泊桑的母亲是幼时很好的朋友，他们常常一起谈论文学方面的问题。

莫泊桑在十几岁时考上了易北特神学院。母亲希望他成为一名牧师。可是莫泊桑没有当牧师的愿望，他因为偷了一个神父的酒喝而被学校开除了。

普法战争结束后，莫泊桑来到巴黎服兵役，先后担任海军部和文化部的公职。在此期间，他去拜访了母亲的朋友——著名作家福楼拜，并成为福楼拜的正式弟子。

在福楼拜的指导下，莫泊桑勤奋写作。在漫长的 7 年中，每逢星期日，莫泊桑就带着诗稿、剧本和小说去向福楼拜求教，当面看着恩师怎样用笔修改他的稿子。

福楼拜教给莫泊桑达到文学成就的三重定理：观察，观察，再观察。1880 年，30 岁的莫泊桑发表短篇小说《羊脂球》，这部作品受到福楼拜极大的赞赏，从此莫泊桑在法国文坛站稳了脚跟。又过了 3 年，莫泊桑的《一生》发表，得到俄国大作家托尔斯泰的肯定，成为全球著名的作家。

莫泊桑虽然于 43 岁那年因病早逝，但他创作了 6 部长篇小说、3 部游记和 270 余篇短篇小说，在世界文坛上地位颇高。在莫泊桑的成长历程中，很显然，他的成功受益于恩师的点拨与提携。如果没有福楼拜这棵"大树"的引导和悉心指教，莫泊桑很难取得如此成就。

所以，当我们实力不强或技艺欠缺时，找棵"大树""乘乘凉"是十分有必要的。有些人认为只要自己出类拔萃，无须他人帮助，照样能脱颖而出。其实，这种观点是片面的，有"大树"可靠就像牛顿说的"站在巨人的肩上"，可以帮助我们取得更多的成就。

人在职场，身不由己，但有一点可以做到，就是编织自己的"人脉网"，选择自己的那棵"大树"。任何一位能够在人生道路上给予你帮助和鼓励、影响你人生路线的人都可以被视为"大树"。"大树"可以是你的上司，可以是你最要好的朋友，也可以是你的同学、亲属，甚至可以是萍水相逢的人。"大树"就在你身边，只要你有一双善于发现的眼睛。

年轻的寿险推销员杰克出身贫困，没什么朋友。华特是一位很优秀的保险顾问，拥有许多非常赚钱的商业渠道。华特生长在富裕家庭中，他的同学和朋友都是学有专长的社会精英。杰克与华特的世界有着"天壤之别"，在保险业绩上也有很大差距。杰克没有人际网络，也不知道该如何建立"人脉"关系，如何与不同背景的人打交道。一次偶然的机会，杰克参加了开拓人际关系的课程训练，受课程启发，他开始有意识地和在保险领域颇有建树的华特联系，并且和华特建立了良好的私人关系。后来，他通过华特认识了越来越多的人，华特这棵"大树"帮助他打开了事业上的新局面。

大人物往往都是有实力的人，他们掌握着某一领域的话语权，有着广泛而深刻的影响力。借助大人物的势力，你能够快速地提升自己的地位和声誉。在现代社会，这种手段也常在政治、经济、文化等领域被广泛运用，而且大有日趋扩展之势。对于人际交往，借助他人之力也不失为一种扩展"人脉"、提高自身形象的方法，也是扩大自己影响的一种策略和技巧。

所以说，选择什么样的人做"大树"，也在某种程度上决定了我们会成为怎样的人，以及我们今后的发展方向。总结起来，要找棵真正的"大树"要注意以下几点：

（1）找有声望的人

声望是一个人在他所处的环境之中逐渐积累起来的、为众人所仰望的名声。高的声望要花费漫长的时间，更需要具备一定的本领和能力。有很高声望的人大多具有渊博的学识、令人钦佩的品质、突出的技能，或是在某一方面有所作为。这种人在他所处的领域通常拥有极高的领导力和号召力。

所以，找有声望的人，尤其是声望颇高的人做"大树"，能够大大增强你的个人魅力。因为，能够得到有声望的人的"看重"，会给别人以"他在某方面有过人之处"的印象。而且，经常与有声望的人接触，不但会吸引众人的目光，而且有助于你去结识一些显赫的人，对你今后的发展大有好处。

（2）找有能力的人

能力是一个人能够胜任某项任务所具备的客观条件，大都是通过后天的努力慢慢锻炼出来的。一个人能力的高低决定了他在工作岗位中所处的地位。"大树"式人物的决策能力、专业技术能力、人际交往能力等都要强于一般人。因而找有能力的人做"大树"，你会得到更多的机会。

（3）找有进取心的人

进取心是一个人努力向前、立志有所作为的精神，是一个人若要取得成绩就必须具备的优良品质之一。拥有进取心的人，他们的心态大都积极向上，有自己的理想和目标。他们希望看到成功，也愿意为成功付出努力。和有进取心的人在一起，他们积极向上的精神能够时刻感染你，督促你在懒惰懈怠的时候打起精神；在你迷茫无措的时候，他们又会为你提出积极的建议。以有进取心的人为依靠的"大树"，能使你时刻保持积极乐观的心态和永不懈怠的斗志，这些都是取得成功的必备条件。有些"大树"可以是和你并肩作战的伙伴，你们可以一路上互相鼓舞，互相激励，在成功之路上齐头并进。

（4）找与自己有相同观念的人

"道不同不相为谋"是古人的名训，意思是观念、想法等相悖的人无法在一起共事。"道"在这里的意思比较广泛，既可以是志趣、志向，也可以是思想观念和学术主张。两种不同思想之间的差异，会使得人们在为人处世的时候抱有不同的态度，而态度的不同又会使他们做事的方法不同。因此，持有不同观念的人之间往往会产生分歧，很难和谐相处。找与自己有相同观念的人，正是为了避免在日后的合作中产生矛盾而无法保持关系的长久。

总之，寻找"大树"时一定要找比自己优秀的人。选"大树"就如同交朋友，他不仅仅是你工作上的依赖者、指引者乃至提拔者，更是你的好友、你奋斗的目标。"见贤"才会"思齐"，所以找一棵好的"大树"，不但会使你在工作上获得成功，而且会让你自身更为完善。

"借鸡下蛋"，以无变有

在犹太人的眼里，一切都是可以"借"的，他们借资金，借技术，借人才……凡是自己没有的东西都可以靠"借"来获取。巧于"借鸡下蛋"，是犹太人获得成功的一大诀窍。

很多犹太人都是白手起家的，他们自己所拥有的原始资金同创业所需的资金相差太远，可是他们懂得如何用好自己的资金，借用他人的资金，以无变有，用别人的钱给自己挣钱。

犹太人善于借贷，他们常常从银行借贷资金，让银行的"鸡"为自己下"蛋"。美国亿万富翁丹尼尔·洛维洛就是以这种方式发家的。

洛维洛在将近40岁时还很穷。在平淡无奇地"混"了这么多年后的某一天，他突然间"大彻大悟"了，他发现了用别人的钱来赚钱的方法。他的具体做法是：先向银行借得贷款，买一艘普通的旧货轮，然后将它改装为油轮，包租出去。

后来，洛维洛又巧妙地以这艘船做抵押，向银行借得另一笔贷款，接着又买了一条货船，将其改装成油轮后出租……若干年过去了，洛维洛不断地贷款、买船、出租，生意越做越大。每当他还清一笔贷款时，就意味着有一艘船已名正言顺地变成了他的私产，租金收入也不再作为还贷款项流入银行，而是落入洛维洛的腰包。

后来，洛维洛借钱赚钱的方法又迈上了一个"新台阶"，他先组织人设计和建造一艘船，在安放龙骨以前，他便找来一家运输公司，让这家运输公司预定包租这艘"八字还没有一撇"的船。洛维洛再拿着运输公司与他签订的租船合同并以未来的租金收入做担保到银行贷款，然后再用贷到的钱建造这艘船。经过数年时间，当这笔贷款连本带利全部偿还之后，这艘船就是洛维洛的了。

如此这般，洛维洛没花一分钱，便成了一艘艘轮船的主人。如今，洛维洛不但拥有世界上首屈一指的私人船队，还拥有众多的旅店、办公大楼及钢铁、煤矿、石油化工公司。

借钱生钱是"借鸡下蛋"的一个最典型的运用。除此之外，借势生势、借名生名也是如此。其中的关键是你要学会如何巧妙地借助外界的力量，"垫高"自己赚钱的高度。

数十年前，美国黑人化妆品市场由佛雷化妆品公司独霸。后来，一位名叫乔治的供销员看准这一行生意前景光明，他毅然辞职，独立门户，创建了当时只有500美元资金、3位职员的乔治黑人化妆品制造公司。乔治很清楚自己当时的境况——

弱小势薄，很容易被大集团吞并，但如果自己想要迅速发展，还必须借助大集团的势力。于是，当乔治的公司所生产的粉质化妆膏产品上市以后，他立刻打出了这样的广告：当你用过佛雷公司的产品后，再抹上乔治粉质化妆膏，将会有意想不到的效果。表面上看，乔治的广告是在为佛雷化妆品公司做宣传，但实际上是借用佛雷化妆品公司的名气打响自己的品牌。

结果顾客们很快地接受了乔治公司的产品。乔治一鼓作气又推出黑人化妆品系列，扩大了市场份额。

如今，乔治公司已经在美国黑人化妆品市场上占据了举足轻重的地位，并且把眼光投到了其他有黑人的国家。试想，乔治公司要是没有借助当时佛雷化妆品公司的影响力，乔治公司的化妆品又怎么能如此之快地占据市场呢？

对于白手起家的乔治公司来说，"借鸡下蛋"让乔治公司成为了化妆品市场的"霸主"之一。可见，如果能够巧妙地借用资源，利用各种条件来发展自己、壮大自己，借别人的力量来达成自己的愿望，就能够使自己获得较快的发展。

今天奥运会的运营模式也是从尤伯罗斯"借名生利"的成功范例中摸索出来的。

美国一家旅游公司的副董事长尤伯罗斯在任第23届洛杉矶奥运会组委会主席时，为奥运会赢利15亿美元。他是靠非凡的"借术"成功的。

奥运会是当今最知名的体育盛会，以前却亏损得非常厉害。1972 年在慕尼黑举行的第 20 届奥运会所欠下的债务，久久不能还清；1976 年加拿大蒙特利尔第 21 届奥运会亏损 10 亿美元；1980 年在莫斯科举行的第 22 届奥运会耗资 90 多亿美元，亏损更是空前。从 1898 年现代奥运会创始以来，奥运会几乎变成了一个沉重的"包袱"，谁背上它都会被它造成的巨大债务压得喘不过气来。在这种情况下，洛杉矶市却奇迹般地提出了申请，声称将在不以任何名义征税的情况下举办奥运会。尤伯罗斯任组委会主席后更是明确提出，不要政府提供任何财政资助，政府不掏一分钱的洛杉矶奥运会将是有史以来财政上最成功的一届奥运会。

没有资金怎么办？借！在美国这个商业高度发达的国家，许多企业都想利用奥运会这个机会来扩大本企业的知名度和产品销售额。尤伯罗斯清楚地看到了奥运会本身所具有的价值，把握了一些大公司想通过赞助奥运会以提高自己知名度的心理，决定把私营企业赞助作为经费的重要来源。尤伯罗斯亲自参加每一项赞助合同的谈判，运用其卓越的推销才能来争取厂商赞助。对赞助者，他不因自己是受惠者而唯唯诺诺，反而对赞助者提出了很高的要求。比如，赞助者必须遵守组委会关于赞助的长期性和完整性的标准；赞助者不得在比赛场内，包括空中做商业广告；赞助的数量不得低于 500 万美元；当届奥运会正式赞助单位只接受30家，每一行业选择一家，赞助者可取得当届奥运会某项商品的专卖权。尤伯罗斯这些听起来很苛刻的条件反而使赞助有了更大的诱惑力，各大想赞助的公司拼命抬高自己赞助额的报价。仅靠这一妙计，尤伯罗斯就筹集到385亿美元的巨款。尤伯罗斯提出的赞助费中数额最大的一笔交易是出售电视转播权。尤伯罗斯巧妙地挑起了美国三大电视网对独家播映权的争夺战，借他们竞争之机，尤伯罗斯将转播权以28亿美元的高价出售给美国广播公司，从而获得了当届奥运会所需的1/3以上的经费。此外，他还以7000万美元的价格把奥运会的广播权分别卖给了美国、欧洲和澳大利亚等。

规模庞大的奥运会，以往所需服务人员的费用是一笔很大的开销。尤伯罗斯在市民中号召无偿服务，成功地"借"来三四万名志愿服务人员为奥运会服务，而代价不过是一份廉价的快餐加几张免费门票。

奥运会开幕前，要在希腊的奥林匹亚村把火炬点燃，然后将火炬空运到纽约，再绕行美国的32个州和哥伦比亚特区，途经41个大城市和1000个镇，全程15万公里，通过接力，最后传到洛杉矶，在开幕式上点燃火炬。以前的火炬传递都是由社会名人和杰出运动员独揽，并且火炬传递也只是为了吸引更多的人参与奥运会。尤伯罗斯看准了这点：以前只有名人才能拥有的这份权利、殊荣，一般人也渴望得到。于是，尤伯罗斯宣传：

谁要想获得举火炬跑一公里的资格，可交纳 3000 美元。于是人们蜂拥着排队去交钱！人们都认为这是一次难得的机会，是一种巨大的荣誉。尤伯罗斯仅这一项又筹集到 4500 万美元。

另外，在门票的售出方式上，该届奥运会打破了以往奥运会当场售票的单一做法，提前一年将门票售出，由此获得了丰厚的利息。

由于尤伯罗斯成功的经营，此次奥运会总收入为 619 亿美元，总支出为 469 亿美元，净赢利为 150 亿美元。收支结果公布后，一下子轰动了全世界。

尤伯罗斯成功的秘诀其实就是"借鸡下蛋"，他通过巧妙制订策略成功地"借"到了大量的财力和人力，扭转了奥运会一直亏损的局面，做出了具有历史转折意义的不凡之事。

每个人的"本钱"都是有限的，即使再聪明，再能干，也不可能样样精通；即使再富有，再有背景，也不可能无所不有。所以，要想成就一番大业，"借鸡下蛋"的智慧是必不可少的。

成功离不开合作

去过寺庙的人都知道，一进庙门，首先是弥勒佛，笑脸迎客，而在他的背面，则是黑口黑脸的韦陀。如此差别巨大的佛像，怎么共在一座庙里？

相传在很久以前，弥勒佛和韦陀并不在同一座庙里，而是分别掌管不同的庙。弥勒佛热情快乐，所以来的人非常多，但他什么都不在乎，丢三落四，账务管理得很糟糕，所以经常入不敷出。而韦陀虽然在管账上是一把好手，却整天阴着个脸，像所有的人都"欠了他的谷子还了他糠"一样，搞得来庙里的人越来越少，最后香火断绝。佛祖在查香火的时候发现了这个问题，就将他们俩安排在同一个庙里，由弥勒佛在前面负责公关，笑迎八方客，使之香火大旺，而韦陀在后面管理财务，铁面无私，锱铢必较。从此，在两人的分工合作中，庙里呈现出一派热闹景象。

一个人的力量是有限的，只有与他人默契配合、精诚合作，各司其职、各尽其能，谋求共同发展，才能获得成功。

在商界，有很多完美合作的例子：

托马斯·贝茨公司的创始人兼第一任行政主管托马斯自该公司1898年建立以来，就一直与他的普林斯顿大学的同学赫马特·贝茨合作。托马斯是管技术和生产的"内务大臣"，贝茨是管推销的"外交大臣"。后来，托马斯接任贝茨的职位，直到1960年退休。麦克唐纳是托马斯的第一行政主管副主席，是一个非常严厉、纪律性很强的人，他提出了一系列明确的管理规定。另外，他也是一个具有超强能力的推销员、市场经纪人和对外联络人员。麦克唐纳建立了托马斯·贝茨公司与电器批发公司之间的密切关系。麦克唐纳与公司创始人的儿子鲍勃·托马斯搭档接任。鲍勃是一位性格内向，但办事效率高的"内务大臣"。麦克唐纳说得好："我们这个有100年历史的公司，先后有6位行政主管，每次都由两位个性不同的人共同担任，从而产生了理想的领导人。"

一个人在创业过程中找到最适合自己的伙伴，那么合作的力量一定比一个人的力量更大。大量事实表明，许多跨国公司、大财团的创始阶段，都是两人或三人合伙创立的，这是因为在生意场上一个人的力量是有限的，一个人的发展空间也是有限的，而要把有限的力量投入到无限的发展中去，只有合作才是最好的途径。

每个人都有自己的人格魅力，有的人真诚，有的人实在，有的人谦逊，有的人直率……这些都是吸引他人主动接触自己的资本。那么，怎样才能吸引他人与自己合作呢？

合作的前提是你必须要有自己独特的优势资源，他人将自己最优势的资源与你共享，最终才能得到"1+1>2"的效果，所以要以共赢为目标，趋利避害。

《纽约论坛报》的总编辑雷特想物色一位有才干的编辑，他瞄准了年轻的约翰·海。约翰·海刚从西班牙首都马德里解除了外交职务回来，准备回家乡伊利诺伊州从事律师职业。怎样才能使约翰·海舍弃自己的志向，与自己合作，在报馆里安心地供职呢？雷特想出了一个办法。

有一天中午，雷特请约翰·海到一家俱乐部吃饭。饭后，他提议约翰·海到报馆里去看一看。在众多的电报中，雷特找到了一段重要的消息。那时恰巧国外新闻的编辑不在，于是雷特对约翰·海说道："能否请你帮忙给明天的报纸写一段关于这消息的社论呢？"约翰不好意思拒绝，便提笔写起来。约翰的社论写得很好，报社社长也很满意，于是雷特又设法让约翰做了一星期、一个月。在此期间，雷特不停地劝约翰担任编辑职务。约翰在不知不觉中放弃了他回家乡做律师的志向，最后留在了纽约做新闻编辑。

雷特将约翰引向编辑工作，使原本可能不合作的人在潜移默化中成为愿意与自己合作的人。当然，这是雷特施展的一种巧计，是因人而异"说服"的一种计谋。

　　美国著名工程师莱芬惠想换装一个新式的产量指数表，他想到有一个工头必定要反对。怎么办呢？莱芬惠想了许久，终于想出了一个办法。

　　有一天下午，莱芬惠去找那个工头，腋下夹着一个新式的指数表，手里拿着一些要征求他意见的文件。当他们讨论文件的有关问题时，莱芬惠把那个指数表从左腋换到右腋，又从右腋换到左腋，换了好几次。最后工头终于忍不住开口道："你拿的是什么？""哦，这个吗？不过是一个新的指数表。"莱芬惠漫不经心地答道。"让我看一看。"工头说。"哦，你不必看的。"莱芬惠假装要走的样子，说，"这是给别的部门用的，你们部门用不上这种东西。""但我很想看一看。"工头坚持说。于是莱芬惠故意装着一副勉强答应的样子，将那指数表递给他。当工头审视指数表的时候，莱芬惠就看似随便而又非常详尽地把新式产量指数表的效用讲给他听。工头最后叫喊起来说："我们部门用不上这东西吗？哎呀！这正是我早就想要的！"

　　很显然，上述案例中的莱芬惠用了欲擒故纵的说服方法让对方接受了新的指数表，他不仅在做法上引起了对方的兴趣，而且使双方在愉快的气氛中交流。

　　生活中离不开朋友的帮助，事业上也离不开合作伙伴的支持。一个巴掌拍不响，众人划桨才能开大船。人只有与志同道合的伙伴携手合作，才能不惧前进中的风浪，共同推进事业的发展。

激发完美的"首因效应"

两个素不相识的人，第一次见面时彼此留下的印象，会产生"首因效应"，亦称"第一印象效应"。

美国心理学家洛钦斯于 1957 年首次采用实验方法研究"首因效应"。洛钦斯设计了四篇不同的文章，分别描写一位名叫杰姆的人：第一篇文章整篇都把杰姆描述成一个开朗而友好的人；第二篇文章前半段把杰姆描述得开朗友好，后半段则把他描述得孤僻而不友好；第三篇与第二篇相反，前半段说杰姆孤僻不友好，后半段却说他开朗友好；第四篇文章全篇将杰姆描述得孤僻而不友好。

洛钦斯请四组被试者分别读这四篇文章，然后让这些被试者在一个量表上评估杰姆的为人是否友好。结果表明，人们阅读开朗友好的描写在先的文章时，评估为"友好"的人为78%；反之，评估为"友好"的人则降至18%。通过这个例子，洛钦斯证明了"首因效应"在人际交往中极为明显。

"首因效应"是指人们根据最初获得的信息所形成的印象

不易改变，甚至会影响对后来获得的新信息的判断。

人们对别人形成的第一印象是难以改变的。在日常交往中，尤其是与人初次交往时，人们往往习惯于依靠第一印象来评价一个人。比如，我们在决定是否与人合作之前，总是先习惯性地用审视的眼光打量对方，如果对对方的印象好，就会很乐意与之合作。因而"首因效应"在人们的交往中起着非常微妙的作用，只要能准确地把握并加以利用，定能帮助你为自己的事业营造良好的人际关系氛围。

精明的犹太人将第一印象巧妙地运用到他们的企业形象设计和经商过程中。《塔木德》中说："人在自己的故乡所受的待遇视风度而定，在别的城市则视服饰而定。"也就是说，在故乡，人们对熟人的评价并不受衣着的影响，因为人们了解这个人。但是一个人如果到了他乡，往往会被当地人"以貌取人"，所以，要多通过言谈举止了解对方。

20世纪30年代，欧洲某国的一个小乡村里，住着一位犹太传教士，他每天早晨按时到一条乡间小路上散步，在路上无论见到任何人，他都会面带微笑并热情地打一声招呼："早安。"

有一个叫阿米勒的年轻农民，他起初对犹太传教士这声问候的反应特别冷漠。因为在当时，当地的居民对犹太传教士和犹太人的态度都很不友好。

然而，年轻农民的冷漠并未改变犹太传教士的热情。每天早上，犹太传教士仍然会向这个一脸冷漠的年轻农民道一声"早安"。

就这样，年复一年，犹太传教士在这个村子里自在地生活着，直到纳粹党上台执政。

不幸的事情发生了，犹太传教士与村中所有的人都被纳粹党集中关起来，送往集中营。当走下火车，众人列队前行的时候，有一个手拿指挥棒的指挥官在前面挥动着棒子，叫着："左，右。"当时，左、右的含义不同。如果是向左，则是死路一条，如果是向右，则还有生存的机会。

终于，轮到了这位犹太传教士。他的名字被这位指挥官点到了，传教士浑身颤抖地走上前去。当他无助地抬起头时，不知是不是上天有意安排，这位指挥官正是阿米勒。

犹太传教士习惯性地脱口而出："早安。"

指挥官的脸上虽然没有任何表情变化，但仍然禁不住还了一句问候："早安。"声音低得只有他们二人能听到。最后犹太传教士被指向了右边——他有了活着的希望。

人，本来就很容易被感动，而感动一个人靠的未必是慷慨的施舍或者巨大的投入。一句热情的问候、一个灿烂的微笑，往往就能温暖一个人的心灵。

在犹太人的"驭人"智慧里，微笑是很重要的社交手段，也是为他们带来财富、成功的重要因素。

酒店大亨希尔顿在巡视旗下酒店时，总会微笑着问员工：

"今天，你对客人微笑了吗？"当被问到他为什么要微笑着而不是严肃地问员工时，希尔顿说："一、员工为我做了我不想做的事，社会工种有三六九等，尽管我们一直在强调要平等地对待从事不同工种的人，但是实际上离平等还有很大的距离。从另一个侧面来看，社会上之所以还在呼吁平等，原因就在于不平等的现象还普遍存在。就冲着这点，就该对下属微笑，感谢他们为部门为酒店所付出的劳动，因为真诚的微笑是这个世界上最单纯的礼物。二、下属或许刚出校门，或许是一个自卑的人，或许他工作了多年都没有得到晋升，或许……一句话，下属应比我们更具有成就感。下属视我们为偶像，或是模仿的对象，因此，我们的鼓励和肯定对他们来说是莫大的支持。我给他们一个微笑，就是让他们对自己充满信心，有勇气朝着目标走下去。"

希尔顿可谓深得犹太人"驭人"之道的精髓，把"微笑管理"发挥得淋漓尽致。

微笑管理不是用微笑代替管理，而是强调在管理的过程中，管理人员要发自内心地对下属表示尊重、信任和关怀，用微笑来不断传递这些信息，让员工消除紧张、压抑的工作情绪，增强员工的信心和力量，让员工更积极、更乐意、更主动地做好工作。人只有自己每天保持良好的心情和积极的心态，才能去感染、激励他人。

有这样一个经典案例：美国著名的企业家吉姆·丹尼尔就

是靠着一张"笑脸"神奇地挽救了濒临破产的企业。丹尼尔还把"笑脸"作为公司的标志，公司的厂徽、信笺、信封上都印上了一个乐呵呵的笑脸。他总是"微笑"着奔走于各个车间，颁布公司的命令，进行企业管理。员工们渐渐地都被他所感染，公司在几乎没有增加投资的情况下，生产效益提高了80%。

当然，除了微笑之外，其他的许多细节也能提升形象，产生良好的"首因效应"。我们从以下五点谈谈如何完善给人的第一印象。

（1）显露自信和朝气蓬勃的精神面貌

自信是人们对自己才干、能力、知识素质、性格修养及健康状况、相貌等的一种自我认同和自我肯定。研究表明：一个人如果走路时步履坚定，与人交谈时谈吐得体，说话时双目有神，正视对方，善于运用眼神交流，就会给人以自信、可靠、积极向上的感觉。

（2）待人不卑不亢

"不卑"就是不卑躬屈膝，"不亢"就是不骄傲自大，"不卑不亢"就是不做出讨好、巴结别人的姿态。比如，在参加面试时，对主考官微笑着说："谢谢您抽出宝贵的时间来面试我。"这样一种不卑不亢的态度有可能给主考官留下极好的印象。

（3）衣着仪表得体

有些人习惯于不修边幅，这本来属于个人私事，不过在一个新环境里，在别人对你还不完全了解的情况下，打扮得过分随意就有可能引起他人的误解，给人留下不好的第一印象。事实上，美国学者发现，职业形象较好的人，其工作的起始薪金比不大注意形象的人要高出8%～20%。当然，衣着得体并不是非要用名牌服饰包装自己，更不是过分地修饰，这样反而会给人留下一种轻浮浅薄的印象。

（4）言行举止讲究文明礼貌

说话要注意表达简明扼要，不用不恰当的词语；别人讲话时，不要随便打断；不追问自己不必知道或别人不想回答的事情。

（5）讲信用，守时间

凡是答应别人的事，一定要办到。而自己没有把握的事情，即使不便当面拒绝，讲话也要留有余地。千万不要把明明办不到的事情包揽下来，这样只会弄巧成拙，最终引起别人的不满。

只要我们遵照以上几点，在与人初次见面的时候，就能给对方留下较好的第一印象。这些好的印象将有助于我们进一步与对方建立关系，促进合作的意向，促进自身的发展。

为人要谦虚谨慎

《塔木德》中说："与人交往一定要谦虚恭敬，这样才能与其建立良好的关系。"很多犹太人在人际交往方面表现得非常谦和，他们认为，谦虚谨慎是成功必备的品德。而一个商人，在待人接物时也要表现得温文有礼、平易近人，善于倾听他人的意见和建议，要有自知之明，不卖弄财富，不文过饰非，并能主动承担责任，改正错误。

根据《圣经》的记载，开天辟地时，上帝第一天创造了光，第二天创造了水，第三天创造了花草树木，第四天创造了太阳、月亮和星辰，第五天创造了大鱼和各种飞鸟，第六天创造了牲畜、昆虫和野兽，之后才造出了人，派人来管理这一切。

为什么人类最后才被创造出来呢？《圣经》指出，上帝想传达的一个重要观念就是，如果连一只苍蝇都比人类先创造出来，那人类又有什么好狂妄自大的呢？这是上帝为了教导人类要对自然恭敬谦虚的巧妙安排。

犹太人很重视谦恭的美德，他们认为，你无论从事何种职业，担任何种职务，只要在与人交往时保持谦虚谨慎，就能不断进取，增长更多的知识和才干，拥有良好的人际关系。

在生活和工作中，我们常常会遇到这样一些人，他们才华横溢，充满抱负和追求，喜欢表现自己，生怕自己的能力不为人所知，而且常常显示自己不同于常人的优越感，希望因此得到别人的钦佩和尊重，但结果常常事与愿违。

谦虚并非是自我否定，它体现了自我肯定的信心，真正有实力的人并不喜欢炫耀；谦虚使成功的人对于过去的失败有所警惕，对于现在的成功有所感念；谦虚还具有平衡作用，谦虚不是要人骄傲自负或妄自菲薄，也不是让人感觉高人一等或屈居人下。

英格丽·褒曼在获得了两届奥斯卡最佳女主角后，又因在《东方快车谋杀案》中的精湛演技获得最佳女配角奖。她在领奖时，一再称赞与她角逐最佳女配角奖的弗伦汀娜·克蒂斯，认为真正获奖的应该是这位落选者，她由衷地说："原谅我，弗伦汀娜，我事先并没有打算获奖。"

褒曼作为获奖者，没有喋喋不休地叙述自己的成就与辉煌，而是对自己的对手推崇备至，极力维护了对方的面子，无论是谁，都会认为褒曼是善良、真心的朋友。一个人能在获得荣誉的时刻，如此善待竞争对手，实在是一种不凡的风度。

有一次，美国著名的战斗机试飞员鲍伯·胡佛完成飞行表演任务后飞回洛杉矶。途中，飞机突然发生严重故障，两个引擎同时失灵。胡佛临危不惧，果断沉着地采取了措施，奇迹般地把飞机迫降在机场。胡佛和安全人员检查飞机时发现，造成事故的原因是用油不对，他驾驶的是螺旋桨飞机，用的却是喷气式飞机用油。

负责加油的机械师吓得面如土色，见了胡佛便痛哭不已，因为他一时的疏忽可能造成飞机失事和三个人的死亡。但胡佛并没有大发雷霆，而是上前轻轻抱住这位内疚的机械师，真诚地对他说："为了证明你能胜任这项工作，我想请你明天来做飞机的维修工作。"这位机械师后来一直跟随胡佛，负责他的飞机维修。胡佛的飞机再也没有出现过任何差错。

胡佛在机械师出现如此严重的失误时，并没有批评对方，而是包容对方并激励对方，显示出胡佛豁达的心胸和谦虚的美德。

自大的人，他的眼光只停留在自己身上，不会注意到他人，更不会意识到自己与他人的差距；人只有懂得谦虚，把头低下来，才能进步。

扬名于世的音乐大师贝多芬，谦虚地说自己"只学会了几个音符"。科学巨匠爱因斯坦说自己"像小孩一样幼稚"。居里夫人以谦虚谨慎的品格和卓越的成就获得了世人的称赞，她对荣誉的特殊见解，使很多喜欢居功自傲的人汗颜不已。也正是在居里夫人的高尚品格的影响下，她的女儿和女婿也踏上了科学研究之路，并获得了诺贝尔奖，居里夫人一家成为令人敬仰的两代人三次获诺贝尔奖的家庭。

谦虚并不表示不如别人，相反，谦虚是高贵气质的体现，它需要修养来培育。或许，英国小说家詹姆斯·巴利的话最为中肯："生活，即是不断地学习谦虚。"如何学习谦虚的品德呢？犹太人认为，必须正确认识自我，这样有利于"发扬优点，克服缺点"。谦虚的人能择其优点发扬光大，克服其缺点，自省自修，充分施展自己的才华，实现自己的价值。

所以，人要谦虚谨慎，保持不断进取的精神，从而获得更好的发展。

风趣幽默是人际交往的"润滑剂"

《塔木德》中说："最幽默的人，是最能适应环境的人。"犹太人认为风趣幽默能够帮助自己建立和谐良好的人际关系，进而为事业的成功奠定基础。

某日，一个牵着狗的男子怒气冲冲地闯进一家犹太商人开的宠物店，对老板大吼道："我在你们店买的这条狗，为的就是让它给我看门、防贼。但是昨天晚上，有个小偷溜进我家，偷走我200美元，可这条狗眼睁睁地看着发生的一切愣是一声没吭。你说气人不气人！"

犹太老板听后，风趣地解释道："这条狗以前的主人是个千万富翁，因此对于你那区区200美元根本就没放在眼里。"

风趣幽默属于乐观之人的"特权"，既代表了乐观之人的韧性，也代表了乐观之人的胆量。犹太人认为，只有那些内心强大的人，才是乐观的人；只有那些在困难面前不屈不挠的人，才能随时随地地运用自己的幽默智慧。犹太人非常重视幽默，他们常将各种事业、生活的经验与感悟融于一则则有趣的幽默故事中并传于后人。

一个人到花鸟市场去买鹦鹉，看到一只鹦鹉前面写着这样一句话：这只鹦鹉会 2 种语言，售价 300 元。

另一只鹦鹉前面则写着：这只鹦鹉会 4 种语言，售价 600 元。

到底该买哪一只呢？这两只鹦鹉毛色光鲜，模样都很可爱。这人一时拿不定主意。

这时，他忽然发现，不远处还有一只鹦鹉，忙走过去。那是一只很老的鹦鹉，毛色暗淡散乱，精神不振，但奇怪的是，这只鹦鹉的价格标签上竟写着 1200 元。

他赶紧将老板叫来，问道："这只鹦鹉难道会说 8 种语言？"

老板是位犹太人，他不紧不慢地说道："不是。"

这人有些不解："它又老又丑又没有突出表现，为什么会值那么多钱呢？"

老板风趣地回答道："因为它能指挥另外两只鹦鹉高效地干活，是'老板'。"

犹太人的幽默贯穿于生活的各个领域。犹太人认为，一个具有幽默感的人，会时时发掘出事情有趣的一面，欣赏生活中轻松的一面，建立起自己独特的风格和幽默的生活态度。这样的人，亲和力更强；这样的人，经商更容易获得成功；这样的人，使接近他的人更能感受到轻松愉快的气氛。

幽默是交际的"润滑剂",具有自我圆场、缓解尴尬的效果。当一个人与他人关系紧张时,即使在一触即发的关键时刻,幽默也可以让双方从容地摆脱窘境或消除矛盾。

幽默,不仅是生活中的智慧,更是一种健康的品质。但是,幽默要在合情合理之中引人发笑,给人启迪,正如清朝人李渔所说:"妙在水到渠成,无机自露,我本无心说笑话,谁知笑话逼人来。"这实际上就是幽默的"玄机"所在。那么,如何才能培养自己的幽默细胞呢? 一般来说,可以从以下几个方面着手:

(1)要保持快乐豁达的心态

只有自己快乐了,才能给别人带去快乐。眼中只看见痛苦和悲伤的人是不可能说出幽默的话语的,心胸狭隘的人也很少具有幽默细胞。幽默属于那些积极向上的人,他们既不会因为一时的得失而斤斤计较,也不会由于暂时的失败而懊恼不已,他们总能积极地看待生活,既不苛求自己也不为难别人。他们能够善意地为他人着想,即使当别人对他们有所冒犯的时候,他们也总是会用睿智而幽默的语言去化解矛盾。

(2)要有渊博的学识

任何一句幽默的话语都是说话者生活智慧的结晶,而不是凭空出现的。所以,要想培养自己的幽默感,积累是必不可少的。要有"泰山不让土壤,河海不择细流"的精神,要有善于总结生活中的经验和智慧的能力。

（3）要学会自嘲

伟大的文学家鲁迅曾经写过一首《自嘲》诗，来表明自己当时的生活状态。这首诗是这样写的：

运交华盖欲何求，未敢翻身已碰头。

破帽遮颜过闹市，漏船载酒泛中流。

横眉冷对千夫指，俯首甘为孺子牛。

躲进小楼成一统，管他冬夏与春秋。

在社会交往中，人们难免会遇到一些让自己无法"下台阶"的事情，此时，如果自嘲运用得当，不仅可以为自己找到"台阶"下，也能避免更尴尬的事情发生。

学会赞美，"投其所好"助交往

有一家时装店新来了一位店员，他向一位打扮得高贵华丽、正在选购套装的女士建议："女士，这套衣服既高贵又便宜，穿在您身上非常得体！其他的衣服价钱要贵一些，又不见得适合您，您觉得怎么样？"

没想到，那位女士听完话后，竟气势汹汹地嚷起来："什么叫便宜？什么叫不适合我？你以为我没钱买贵的衣服是不是？真是岂有此理，太瞧不起人了！"

这位女士为什么发这么大的火呢？是因为店员的话刺伤了她的虚荣心。价廉物美，对于很多人来说，具有很大的吸引力。但对有些人来说，也许会使他们感到有奚落之意。更有一些人由于虚荣心作祟，在听了他人的"真话"后往往会火冒三丈。

犹太人无论是在做人处事还是在经商的时候，总是习惯在对方面前说一些让对方"高兴"的话。在他们看来，赞扬他人，不但会使他人高兴，也会使自己心情舒畅、情绪高涨，交谈也就会变得轻松自如。

犹太人戈尔年轻的时候便到了美国，并创建了一家油漆公司。他们的油漆具有色泽柔和、不易剥落、防水性能好、不褪色等诸多优点，但广告费花了不少，却收效甚微。戈尔决定以市内最大的莱弗家具公司为突破口闯出一条自己的路。

一天，戈尔直接来到莱弗家具公司，找到了总经理斯坦纳，"斯坦纳先生，我听说，贵公司的家具质量相当好，我特地来拜访一下。我久仰您的大名，您在这么短的时间内，就取得了如此辉煌的成就，真是让人羡慕！"

听戈尔这么一说，斯坦纳非常高兴，就向戈尔介绍起了自己公司的产品及其特点，并谈到了自己如何从一个贩卖家具的小贩成为生产家具的大公司的总经理的历程，还带着戈尔参观了自己的工厂。在上漆车间里，斯坦纳拉出几件家具，向戈尔炫耀说那是他亲自上的漆。戈尔顺手将喝的饮料往家具上倒了一点儿，又用一把螺丝刀轻轻敲打。斯坦纳制止了戈尔的行为，但没等斯坦纳开口，戈尔发话了："这些家具的造型、样式是一流的，但这漆的防水性不好，色泽不柔和，并且易剥落，会影响家具的质量，不知对不对？"

斯坦纳连连点头称是，并提到戈尔的油漆公司推出了一种新型的油漆，因为不了解所以没有订购。戈尔从包里掏出一块六面都刷了漆的木板，他声称，这块木板已在水中浸了一个小时，木板没有膨胀，说明漆的防水性好，用工具敲打，漆不脱落，放到火上烤，漆不褪色。斯坦纳见后与戈尔谈了合作意向，莱弗家具公司成了戈尔公司的大客户。

在这个案例中，戈尔一开始并没有直接称赞自己的油漆有多好，而是从赞美莱弗公司的产品入手，又赞美了斯坦纳取得的成就。受到赞美的斯坦纳心里乐滋滋的，戈尔在其心情愉悦时，点出莱弗家具公司产品的油漆性能差，直接影响到了家具的质量，同时，又向斯坦纳展示了自己公司最好的产品。相比之下，更加凸显了戈尔公司的新型油漆的优点。于是，斯坦纳很自然地接受了建议，戈尔顺利地赢得了这个客户。

每个人都希望被别人重视，所以当别人夸奖自己时，都会感到很高兴。

一位身材高挑的年轻女子在一家服装店试衣服，试了几件，都不合适。店主凭经验觉得，问题出在她没有挺直身子，于是在一旁对她说："这些衣服看来不是有些大就是有些小，把您娇美的身材给遮住了。"

年轻女子一听，直起身来重新在试衣镜中打量自己。这时情形发生了变化：年轻女子发现自己挺立的身躯看起来那么赏心悦目，那些难看的鼓包和皱褶都不见了，线条和轮廓也显现出来了。

店主看得出来试衣的女子喜欢这件衣服。"真漂亮！"店主不失时机地赞美说，"您喜欢这一件吗？"

"是的，它使我苗条多了，啊，真的，我好像减轻了3公斤体重。"年轻女子惊奇地说。

在与人谈话时，要找准对方感兴趣的事情，"投其所好"地满足对方的心理，这样会使交际向更好的方向发展。

每一位拜访过美国第 26 届总统西奥多·罗斯福的人都会被他渊博的学识和广泛的兴趣所折服。查尔斯·西莫说："罗斯福总统的白宫大门永远欢迎能使总统提起兴趣的人。无论是各领域的专家，还是其他访客，他总能立即找到一个双方都感兴趣的话题。"哥马利尔·布雷佛也写道："无论是一名牛仔、骑兵、纽约政客还是外交官，罗斯福都知道该对他说什么话。"罗斯福是怎么做到的呢？其实罗斯福并不是真的有那么渊博的学识和广泛的兴趣，他只是有一个很好的习惯，那就是在拜访者来之前，他都会挑灯夜读，阅读拜访者的著作，了解其感兴趣的事情，做好充足的准备。

罗斯福主动学习并非只是为了能够在与他人的交往中侃侃而谈，他是为了找到对方感兴趣的事物，从而能在一种轻松和谐的状态下解决问题。罗斯福深谙人的本性：当一个人发现你对他所熟知的问题非常感兴趣的时候，他会自然而然地说很多话，愉快的气氛也就会随之产生。罗斯福正是因为"投其所好"，让对方产生了心灵共鸣，从而解决了一个又一个政治难题，也让自己的美名远播世界。

在人际交往中，我们总是希望别人可以遵照我们自己的意愿去做某件事，但是，要让别人心甘情愿地按照我们的意愿去做，我们必须得让对方明白他做这件事会对他有什么益处。人不论贵贱贫富抑或社会地位高低，都会努力塑造并竭尽全力地去维持自己在别人心中的良好形象。所以，如果想要达到让别人帮忙的目的，那就一定要记住这条"黄金法则"：满足对方的心理，给他一个"引以为荣"的美名。

"钢铁大王"卡耐基深谙"投其所好"的道理，总是将给予"美名"的技巧发挥到极致。

卡耐基所经营的钢铁公司想要降低运行成本，所以想和一位经营煤炭行业的老板合作开一家公司。恰好在一次宴会上，卡耐基无意中结识了一位经营煤炭业、号称"焦炭大王"的青年佛里克。卡耐基心想，此人就是自己苦苦寻觅的合作伙伴。卡耐基很欣赏佛里克的胆识和才干，而且他如果跟佛里克合作的话，对于佛里克的事业发展来说也是非常有利的。

卡耐基通过各种渠道了解到佛里克是一个自命不凡的人，如果不能很周全地照顾到他的"面子"，即使和别人合作获益很大，他也不会跟对方合作。所以，为了能够成功地做成这单生意，卡耐基将佛里克请到自己家里，热情接待。

当时，卡耐基已年近半百，而佛里克只是一个二十来岁的小伙子。虽然卡耐基的财富是佛里克的数倍，但卡耐基在佛里克面前仍然保持着礼貌和谦逊。

一番寒暄之后，卡耐基提出了两人合作成立一家煤炭公司的建议。卡耐基还大度地表示，新公司的总价值有 300 万美元，而佛里克的焦炭公司的市值大约为 50 万美元，其余 250 多万美元全部由卡耐基的公司支付，股份双方各得一半，收益也是五五分红。只出 1/6 的资金，却能得到一半股份，这可真是天大的好事，可在这么大的诱惑面前，佛里克却在犹豫。因为他在想，如果公司是以卡耐基的名义运作的话，自己就等于没有任何名义上的东西了。佛里克是那种 "宁为鸡首，不为凤尾" 的人。

卡耐基看穿了佛里克的心思，立即补充道：新公司的名称是 "佛里克焦炭公司"。至此，佛里克再也没有疑虑，当即爽快地同意了合作事宜。从此，佛里克成为卡耐基的永久合作伙伴，日后更是成为卡耐基钢铁公司的高层领导之一。

在和佛里克合作的这件事上，卡耐基正是掌握了佛里克喜好 "美名" 的心理，才最终实现了自己和佛里克煤炭公司合作的目的。

所以，在与他人交往的过程中，要学会 "投其所好" 地给予对方 "美名"，学会恰当好处地赞美对方，这样对方就会心甘情愿地去做你希望他做的事情，从而达到自己的目的。

双赢思维，扩大交往

《塔木德》中说："人脉就是金钱的矿脉。"可见，双赢是目的，手段、方式只是各取其巧的途径。

犹太人中流传着这样一个故事：

在一个寒冷的冬天，一个卖面包的和一个卖被子的同到一个破屋中躲避风雪。天晚了，卖面包的人觉得很冷，卖被子的人觉得很饿。他们都坚信对方有求于自己，所以谁也不先开口。

过了一会儿，卖面包的人说："吃一个面包。"

卖被子的人说："盖上条被子。"

又过了一会儿，卖面包的人又说："再吃一个面包。"

卖被子的人也说："再盖上条被子。"

就这样，卖面包的人不停地吃面包，卖被子的人不停地盖被子，谁也不愿意向对方求助，最后，卖面包的人冻死了，卖被子的人饿死了。

这个故事告诉人们，只有与别人合作才能更好地生存。但是在生活中，面对类似的问题，有些人就是想不通，看不开，奉行"人若敬我，我便敬人；人若予我，我便予人"的"单打独斗主义"，一定要先等对方请了一顿饭之后，才肯回给对方一张音乐会的入场券；还有的人只想得到不想付出，自私自利。如果人人都将这种态度带到社交或工作场合，很容易使一切陷入僵局。

精明的犹太人绝不会这样。犹太人在人际交往和商业经营活动中，从来不会只看眼前利益，而是去寻找更大的利益，并且保证要让对方赢利。犹太人做生意的原则是：一笔生意，双方赢利。

犹太人罗道夫曾认为竞争对手就是"敌人"，只有击败对手才能够生存。为此，做生意时他只顾自己发展，斤斤计较。

后来，许多合作伙伴与罗道夫分道扬镳，罗道夫在生意场上屡屡失败。经过这样的打击后，罗道夫"清醒"过来了。他重新理顺头绪，纠正了自己的观念，此后每做一笔生意，他首先考虑的是怎样能够获得双赢甚至多赢的效果。几年之后，罗道夫的公司规模越来越大，产品遍及世界各地。

人做生意就是想要赚钱，但做生意如果只是为了自己的发展，而不与合作伙伴为实现双赢精诚合作，自己也不会有大的发展，甚至会遭遇失败。

所以，犹太人在发展事业、与人交往时不做"单赢"生意。他们认为：

第一，在市场竞争中，谁都想胜不想败。参与市场竞争的各个公司都是彼此的"敌手"，这些公司在竞争中带有保密性、侦探性、获胜性。倘若市场不能容纳全部的竞争者时，任何公司都想保存自己，"灭掉"对方，那么即使市场能容纳下全部的竞争者，他们也还是想以强敌弱。所以，只有双赢才能保存自己和对方，实现"1+1>2"的效果。

第二，公司为了赚钱，因此总想独霸市场。商人们在处理与同行的关系上，大多信奉"同行是冤家"，从而造成"三十六行，行行相妒"。这种关系长期下去会使公司不能持续发展，因为竞争的目的是相互推动，相互促进，共同提高，一起发展，如果总是相互"拆台"，公司长久不了，商人慢慢地也会成为"孤家寡人"。

第三，虽然竞争公司间有点像战场上的"敌手"，但并不是非要挤垮对方才能获得发展。公司间的竞争手段必须是正当、合法的，而"双赢"的策略正是在合法条件下使自己和合作者的利益实现最大化的最佳方法。

第四，市场竞争是激烈的，同行业的公司之间的竞争更为激烈，但有竞争关系的公司也可以联手合作。从这种意义上讲，公司之间完全可以相互帮助、支持，公司之间可以是合作伙伴，可以友善相处。这好比两位武德很高的拳师比武，一方面要分出高低胜负，另一方面又要互相学习和关心，胜者不傲，败者不馁，相互切磋，共同提高。

现代社会瞬息万变，所以，作为商人，应"风物长宜放眼量"，不以"一时胜负论英雄"，更不可因一时失利而迁怒竞争对手。尽管人与人之间有各种矛盾，但利益的凝聚力会使双方去努力磨合、修复，自动寻求平衡。所以，懂得"先利人再利己、双赢能让彼此的关系更紧密"的道理十分重要。

有一个农村老头，他想让儿子成为不平凡的人。于是，这个老头找到美国当时的首富——石油大王洛克菲勒，对他说："尊敬的洛克菲勒先生，我想给你的女儿找个丈夫。"洛克菲勒说："对不起，我没有时间考虑这件事情。"老头说："如果我给你女儿找的丈夫，也就是你未来的女婿，是世界银行的副总裁，可以吗？"洛克菲勒同意了。然后，老头又找到了世界银行总裁，对他说："尊敬的总裁先生，你应该马上任命一个副总裁！"总裁说："不可能，这里这么多副总裁，我为什么还要任命一个副总裁呢，而且必须马上？"老头说："如果你任命的这个副总裁是洛克菲勒的女婿呢？"世界银行总裁爽快地答应了。

这虽然是个笑话，但很多生意就是这样谈成的——因为给对方提供了利益，所以到最后自己也能收获大的利益。人际交往的实质在某种程度上就是利益交换。在这个竞争激烈的社会中，我们一定要抛开"个人利益就是所有"的陈旧观念，努力在双赢中寻求发展。

诚信助你踏上成功之途

《塔木德》中说："金钱是山上的树木，诚信是山中的泉水。"诚实守信是一个人取得成功的前提条件。绝大多数犹太人从小就被告知：任何交易都要绝对诚实，如果你想到达成功的顶峰，就绝不可欺骗和说谎。人难免会犯错误。如果不慎犯下过失，与其以说谎的方式来隐瞒事实，倒不如老老实实地承认，这是要求改过的唯一机会，也是请求原谅的唯一方法。犹太人认为，诚实可以找回真实的自我。

20 世纪初，在俄国境内的一个小村子里，住着一个犹太小男孩。那时候，沙皇部队——哥萨克人正在对各地的犹太人进行大规模迫害。每天当市集最热闹的时候，全村的人都会聚集在大广场上进行交易，哥萨克人就会在这个时候骑着高大剽悍的马来到市集上，打翻犹太人的货物、商品，宣布沙皇限制犹太人自由的最新敕令，然后骑着马扬长而去。

小男孩和祖父的感情非常深厚，他的祖父是这个村子里的老教士。村子里的犹太人都相信他们的祖先聪明睿智。小男孩每天都会陪祖父到市集上去。哥萨克骑兵总是挥鞭而至，扬起漫天尘土，宣读当天的敕令："从今天起，任何犹太人购买马铃薯，一次不得超过5个。"或是："沙皇有令，所有犹太人必须将他们最好的牛立刻卖给国家。"

每天，同样的场景不断上演——老教士和其他人一起听着沙皇的敕令，然后老教士向那些哥萨克人挥舞着他的拐杖，大声叫道："我抗议！我抗议！"然后其中一个哥萨克人就会骑着马过来，将马鞭狠狠地抽向老教士，临走之前还要吼一声："闭嘴，你这老蠢货！"老教士经不住鞭子，总会倒在地上，他的教徒们会冲过去扶他起来，帮他拍掉衣服上的泥土，然后他的小孙子再搀着他回家。

日复一日，小男孩担忧地看着这一幕再三上演。有一天，搀着满身乌青的祖父从集市回家时，小男孩鼓起勇气问："亲爱的爷爷，"小男孩的声音带着微微的颤抖，"您明知道那些士兵一定会打您，为什么还要每天在他们面前抗议沙皇呢？您为什么不能保持沉默呢？"

老教士对孙子慈祥地笑道："因为明知是错的事情，如果我不大声抗议，我就会渐渐和他们一样了……"

马雅克夫斯基曾说："诚实是最伟大的美德，它为我们的生活涂上一笔最真实的色彩。"

在当今社会，虽然说谎、欺骗、隐瞒事实的现象很多，但绝不能让这种行为成为我们日常言行的一部分。

人的好品格的养成不是朝夕之功，诚实也不是仅在一两件事上表现出来的。在现实生活中，不要小看了细节之处的诚实。

在一个房间里，艾尔顿正在应聘推销员。坐在椅子上的经理约翰先生看着眼前这位身材瘦弱、脸色苍白的年轻人，忍不住先摇了摇头。从外表上，看不出这个年轻人有什么特别的销售能力。约翰先生在问了艾尔顿的基本情况后，问道：

"你以前做过销售吗？"

"没有！"艾尔顿答道。

"那么，现在请你回答几个有关销售的问题。"约翰先生开始提问，"推销的目的是什么？"

"让消费者了解产品，从而心甘情愿地购买。"艾尔顿不假思索地答道。

约翰先生点点头，接着问："你打算对推销对象怎样开始谈话？"

"'今天天气真好'或者'你的生意真不错'。"

约翰先生点点头，又问："你有什么办法把打字机推销给农场主？"

艾尔顿思索一番，不紧不慢地回答："抱歉，先生，我没办法把它推销给农场主。"

"为什么？"

"因为农场主根本就不需要打字机。"

约翰先生高兴得站起来，拍拍艾尔顿的肩膀，兴奋地说："年轻人，很好，你通过了，我想你会成为出类拔萃的推销员！"

约翰先生心中认定艾尔顿将是一个出色的推销员，因为测试的最后一个问题，只有艾尔顿的答案令他满意。之前的应征者总是胡乱编造一些办法，但实际上完全行不通，因为谁会去买自己根本不需要的东西呢？艾尔顿认识到了这一点，并据实回答，所以他被雇用了。

许多求职的人在面试时所犯的最大错误就是不诚实。这些应聘者不以"真面目"示人，不能完全地坦诚，总是想当然地展示给招聘者一些自以为"正确"的态度。可是这种做法通常一点用都没有。因为没有人愿意雇用不诚实的人。让我们来看看诚实的贝克先生是如何做的吧！

雅利安公司是美国环球广告代理公司，因为业务需要，准备招聘 4 名高级职员担任业务部、发展部主任助理，待遇自不必言。竞争是激烈的，凭着良好的资历和优秀的考试成绩，安东尼荣幸地成为 10 名复试者中的一员。

雅利安公司的人事部主任戴维先生告诉安东尼，复试由贝克先生主持。贝克先生是全球闻名的大企业家，他从一个报童成长为美国最大的广告代理公司的董事长、总经理，其经历充满了传奇色彩。而且，他的年纪并不大，据说只有 40 岁上下。

听到这个消息，安东尼非常紧张，一连几天，都从口头表达能力、广告业务及穿戴方面做精心准备，以便顺利"推销"自己。

复试是单独面试。安东尼一走进小会客厅，坐在正中沙发上的一个考官便站了起来，安东尼认出来：他正是贝克先生。

"是你？！你是……"贝克先生激动地说出了安东尼的名字，并且快步走到安东尼面前，紧紧握住了他的双手。

"原来是你！我找你找了很长时间了。"贝克先生一脸的惊喜，还激动地转过身对在坐的另几位考官嚷道："先生们，我向你们介绍一下：这就是救我女儿的那位年轻人。"

安东尼的心狂跳起来，还没来得及说话，贝克先生就把他一把拉到旁边的沙发上坐下，说道："我的划船技术太差了，把女儿掉进了密西西比河中，要不是你相救就麻烦了。真抱歉，当时我只顾看女儿了，也没来得及向你道谢。"

安东尼竭力抑制住心跳，抿了抿发干的双唇，说道："很抱歉，贝克先生。我以前从未见过您，更没救过您女儿。"

贝克先生又一把拉住安东尼："你忘记了？4月2日，密西西比河……肯定是你！我记得你脸上有块痣。年轻人，你骗不了我的。"贝克先生一脸的得意。

安东尼站起来说："贝克先生，我想您肯定弄错了。我没有救过您女儿。"

安东尼说得很坚决，贝克先生一时愣住了。忽然，他又笑了：

"年轻人，我很欣赏你的诚实。我决定：你免试了。"

几天后，安东尼成为雅利安公司的职员。

后来，安东尼和戴维先生闲聊时问道："救贝克先生女儿的那位年轻人找到了吗？"

"贝克先生的女儿？"戴维先生一时没反应过来，接着他大笑起来："他女儿？有 7 个人因为他女儿被淘汰了。其实，贝克先生根本没有女儿。"

一个人的品格往往在诚实中体现出来，所以无论在任何时候都一定要诚实。正如《塔木德》中所说："就一个人和他成功的秘诀来说，在交易中保持绝对诚实，是你踏上成功之途最重要的事情之一。"

学会取舍很重要

《塔木德》中说："暂时放弃一些利益，是为了得到更多的利益。"成功的人大都懂得"舍"与"得"的辩证关系，而且总是所舍多于所得，这也是人成大事的关键。

中国先贤对于人际交往有一个非常质朴的看法，那就是"舍得"。所谓"舍得"就是"有舍才有得"，而且是"先舍"才能"后得"。这种智慧的结晶在世界各地都有，如罗马一位名叫塞拉斯的诗人写过这样一句话："只有先对人付出，才能期盼对方有所回报！"

两家公司竞标同一块土地，甲公司的老板对自己的员工非常好，虽然工资和业内其他单位一样，但公司的福利却比其他公司丰厚得多。公司的老总总是隔三差五地给员工一些奖励，这些奖励有的是物质上的，如每周对工作表现比较好的员工给予一定数量的奖金；有的是口头上的，如给工作表现特别好的员工颁发一个标兵的标志等。乙公司则完全是另外一种运作模式。在乙公司，没有什么人情味，大家只是拿薪水干活。所以，在竞标的那段时间，甲公司的员工很努力地工作，大家上下一心，对那块土地志在必得。甲公司的员工每天都自愿加班到很晚，而且会考虑许多老板都不曾考虑到的因素。所以，甲公司的竞标书做得很完美。而乙公司的员工则还是按照之前的模式，把自己手头的任务完成就好，竞标书做得当然没有甲公司那么好。结果可想而知，甲公司得到了那块土地。

人际交往中的"黄金准则"是：欲取之，必先予之。即只有付出才能有所回报。

纽约的金融家史密斯还是个银行职员时，有一次，他的上司要他尽快准备好一份资料。提供资料的那个人是一家公司的总经理，史密斯去拜访他。当史密斯被领进总经理办公室后，一位年轻的秘书从门口探头告诉总经理，她今天没有搜集到童话故事集给他的儿子。总经理向史密斯解释说："我在替我12岁的儿子收集童话故事集。"之后，史密斯向总经理说明了他的来意，并且向他请教了一些问题。但是，从头到尾，总经理都在含糊笼统地敷衍他，摆出一副根本不想谈论这个问题的样子，因此这次会谈很快就结束了，而且毫无结果。

史密斯事后回忆说："坦白讲，我当时真不知道该怎么做，事后我突然想起那位总经理秘书讲过的话，什么童话故事集、12岁的孩子……我想到我们银行国外部也在做童话故事集的收集工作，那些童话故事集正是来自世界各地的。

"第二天下午，我直接去拜访那位总经理。到了之后，我请他的秘书传话给他，告诉他我有一些童话故事集要给他的孩子。你想我会不会受到热烈地欢迎呢？不错，他热情地握住我的手，面带笑容而且容光焕发地招呼我。当他翻阅着童话故事集的时候，口里还不断地说：'我的乔治一定会喜欢这个故事的！'我们花了半个小时谈论童话故事集与他的儿子，之后他足足花了一个多小时的时间提供给我所需要的资料。他把他所知道的全都告诉了我，担心有所遗漏，还把他的下属叫进来询问一番，甚至为我打电话给他的同事询问一些细节。他给了我许多实证、数据、报告以及文件，使我满载而归。套句新闻从业人员的专业用语，我算是得到了一条独家新闻。"

可见，"欲取之，必先予之"的方法不仅会使人获得他人的好感，还会使人得到高回报。在日常的工作和生活中，无论与何种类型的人打交道，不管对方是是雇员、合伙人、同事、顾客、朋友，抑或是你的家人，只要你事先有所付出，那对方也会相应地回报你的好意，即使效果不能马上看到，天长日久，总会显现出来的。

有这样一则故事：

一个商人遇到了难处，他的生意越做越小，于是去请教智尚禅师。

禅师说："后面的禅院有一架压水机，你去给我打一桶水来！"

半晌，商人汗流浃背地跑来，说："禅师，压水机下面是枯井。"

禅师说："那你就去给我到山下买一桶水来吧。"

商人去了，回来后仅仅拎了半桶水。

禅师说："我不是让你买一桶水吗，怎么才半桶呢？"

商人红了脸，连忙解释说："不是我怕花钱，而是山高路远，实在不容易啊！"

"可是我需要一桶水，你再跑一趟吧！"禅师坚持说。

商人又到山下买了一桶水回来。

禅师说："现在我可以告诉你解决的办法了。"

禅师带商人来到压水机旁，说："将那半桶水统统倒进去。"商人非常疑惑，犹豫着。

"倒进去！"禅师命令道。

商人只好将那半桶水倒进压水机里。禅师让他压水看看。商人压水，可是只听那喷口呼呼作响，没有一滴水出来，那半桶水全部让压水机"吞"进去了。商人恍然大悟，又拎起那整桶的水全部倒进去，再压，果然清澈的水喷涌而出。

世界上的事情，都是有了付出才有回报，没有无回报的付出，也没有无付出的回报。付出越多，回报越大，只想别人给予自己，那么"得到"的源泉终将枯竭。所以，不要只想获取别人的帮助，要先自己付出心血和努力，如此才是正确的交往态度，也才能让自己有所成就。

下 篇
打造良好心态，
做人做事有智慧

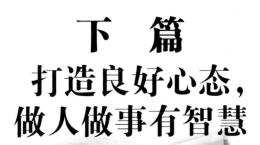

相信信仰的力量

爱因斯坦说："每个人都有一个信仰，这种信仰决定着他努力的方向。"犹太民族之所以能够延续至今，并成为全世界屈指可数的富有的民族，靠的就是信仰的力量。

《塔木德》中，有这么一段对话：

问："人的眼睛是由黑与白两部分组成的，可是神为什么要让人只能通过黑的部分去看世界？"

答："因为人生必须透过黑暗，才能看到光明。"

这段对话对世世代代的犹太人产生了积极的激励作用。

著名的犹太作家费朗茨·威斐和他的妻子从纳粹前线逃了出来。他们从德国穿过法国一直往南走。后有追兵，被抓住便意味着要被送进集中营甚至更惨。这对夫妇只希望能安全地通过西班牙边境，然后漂洋过海到美国。但西班牙官员不让他们通过，他们往回走的时候，住在派瑞尼的一个名叫崂兹的小镇里。这一晚，这位流亡作家不住地祈祷。

"我不相信您，"他哽咽着说，"这是我的实话。但现在我面临着巨大的危险，已经到了我能承受的极限，我祈求您的垂怜，保佑我和我的妻子安全地穿过边境。等我到了美国后，我将把这故事写下来，让全世界的人都能读到。"

奇迹最终发生了，费朗茨·威斐和他的妻子一个星期后安全地穿过了边境。一踏上美国的土地，他做的第一件事就是写了《伯拉德特的赞歌》。今天，没有谁对信仰的赞辞能比得上这位流亡作家写的故事。

信仰给了处于绝望中的费朗茨·威斐希望。在深重的苦难面前，是信仰使他重新鼓起勇气，有了生的希望，支撑着他渡过了难关。

法国思想家帕斯卡尔说："人只不过是一根芦苇，是自然界最脆弱的东西，但是却是一根会思考的芦苇。"有信仰的人即使遭遇到极大的苦难，也能想到未来的美好，从心底产生动力和希望。

第二次世界大战期间，欧州某国的一个城市里，发生了这么一件事。那时，这个国家已经被德国军队占领了。一天，所有的居民都被叫到一个广场上集合，纳粹军官训完话后，从犹太人群中拉出一个教师模样的中年男子，军官以为只要这位教师肯放弃犹太教，其他犹太人一定会效仿。

"放弃犹太教吧！只要你肯改教，保证你一辈子吃香的、喝辣的。"纳粹军官大声地说，唯恐大家听不到。

"我拒绝。"骨瘦如柴的教师这样回答。

"你只要诅咒你的神，那么，你的生活和你的家人就能受到永远的保护。"

"我拒绝。"教师的声音很平静。

"你知不知道你现在在说什么？假如你还这样嘴硬，我就先杀了你！再说一次，你到底放不放弃犹太教？"

广场上的人都紧张地屏住了气息，一动也不动；他们有的注视着军官，有的凝视着教师，有的甚至闭起眼睛，不敢观看，因为这一幕实在是太恐怖了。

"我不放弃。"教师铁青着脸回答。这时，纳粹军官再也忍不住了，他从枪套中拔出了手枪，伸直右手，瞄准教师，"砰"的一声枪响，射中了教师的肩膀，刹那之间，教师站立不稳，倒在了地上。教师血流不止，但还不断地低吟："无论如何，我都不会改变我的信仰的。"

"你只要说一句放弃犹太教，我马上送你去医院，治好你的伤，然后，你就可以和你的家人一起过着快乐、幸福的日子。"军官说。

"我不放弃。"教师一面喘着气，一面回答。

军官直立不动，他似乎呆住了，转瞬间，所有人都看到军官的脸上布满了恐怖的表情。然后，他举起手枪，冲着躺在地上的教师开枪，一枪、两枪、三枪、四枪……在枪声中，人们断断续续地听到教师"不放弃……不放弃……"的声音，直到他再也没有了声息。

故事中的那位犹太人可敬可佩，他在生命受到威胁时仍没有放弃自己的信仰。信仰就是力量，是支撑起他的一切的动力。

信仰是一种思想，一种对待人生的哲学与态度。信仰是石，能敲出生命的火花；信仰是火，能驱散心灵的寒霜；信仰是星，能引领人前进的方向。人只要树立起坚定的信仰，他的人生就会奏响动人的华章。犹太人正是凭借着坚定的信仰走到了今天，并取得了举世瞩目的成就。

杰克·韦尔奇是世界上最杰出的企业家之一，他成功地经营着 GE 公司，并使之成为全球首屈一指的企业管理"圣殿"，而这离不开韦尔奇的企业信仰。

有一天，记者采访 GE 的一位员工："你们靠什么成为令美国乃至全世界都仰慕的企业？"员工回答："我们依靠的是全体员工对企业的信仰，对企业领导韦尔奇的信仰。打个比方，如果明天早晨上班的时候，韦尔奇倒立着进公司大门，你必将看到后面所有员工都会倒立着进入公司大门！"以此，可以看出企业信仰对于一家公司的巨大影响。

韦尔奇坚定的信仰使他的员工、他的企业拥有同样的信仰，这就是他的成功之处，也是 GE 公司成功的重要因素。如韦尔奇在其自传中所说："为了实现上下统一的意志、共同的战略目标，我执著地在理性和感情两方面做好工作！尤其是在核心生产、技术开发和客户服务这三大业务上，通过不断地沟通交流，达到追求上的充分一致。"

信仰是人生的最高意义所在，一个人拥有信仰，坚定信仰，其人生的天空将会被点亮，他离成功的目标也将会越来越近。

学会享受生活的美好

《塔木德》中说："适度享乐而不忘追求善行的人才是最贤明的。"犹太人认为，世界上的一切都是人创造的，所以享受世上的乐趣，也是世界赋予人的特权，甚至可以说是义务。

很多犹太人会给孩子们讲这样一个故事：

有一艘船在航行中遇到了暴风雨，偏离了航向。到次日早晨，风平浪静了，人们才发现船的位置不对，不过大家很快又发现前面不远处有一座美丽的岛屿。于是人们把船驶进海湾，抛下锚，准备做短暂的休息。从甲板上望去，岛上鲜花盛开，一大片美丽的绿茵，树上挂满了令人垂涎的果子，还可以听见小鸟动听的歌声。

船上的旅客分成了五组。第一组旅客因担心正好出现顺风而错过起航时机，便不管岛上如何美丽，静候在船上；第二组旅客急急忙忙登上小岛，走马观花地观赏了一遍盛景之后，立刻回到船上；第三组旅客也上了岛游玩，但由于停留时间过长，在刚好吹起顺风时急忙赶回，丢三落四，当初好不容易在船上占下的理想位置也被别人占了；第四组旅客一边游玩，一边观察船帆是否扬起，而且认为船长不会丢下他们把船开走，故而一直停留在岛上，直到起锚时才慌忙爬上船来，许多人还因此受了伤；第五组旅客留恋岛上美丽的风光，充耳不闻起航的钟声，被留在了岛上，结果，有的被猛兽吃掉，有的误食毒果而死。

那么，假如你是旅客中的一员，你会是哪一种呢？犹太人认为，第一组的人对快乐缺少体会，人生缺少乐趣；第三组、第四组、第五组由于过于贪恋和匆忙，吃了很大苦头；只有第二组的人既享受了少许快乐，又没有忘记自己的使命，是最有智慧的一组。

犹太人认为，生活是变化莫测的，人不管是处在顺境还是逆境，都不要悲观失望、灰心丧气，要学会享受生活，享受上天赐予的一切喜和悲，这才是最明智的生活态度。

保罗·艾伦 1953 年出生于美国西雅图，毕业于华盛顿州立大学。艾伦的父亲当过 20 多年的图书管理员，为艾伦从小博览群书提供了条件。1968 年，艾伦与比尔·盖茨在湖滨中学相遇，艾伦以其丰富的知识令盖茨折服。两人成了好朋友，一同迈进"计算机王国"，掀起了一场"软件革命"。1975 年，他们共同创立了"微软帝国"，艾伦拥有 40% 的股份。

后来，艾伦离开了微软，但他是带着微软的股票一起走的。与盖茨狂爱工作不同，艾伦很会享受生活。他曾在意大利水都威尼斯举办化装舞会，租用豪华邮轮驶往阿拉斯加开晚会，在法国南部还有豪华度假别墅。多年来，微软的市值不断上升，使得艾伦的腰包也日渐充实，他不仅购买了球队、体育馆和戏院，艾伦的游艇"章鱼"，也是世界上最大的私家游艇，全长125米，相当于英式足球场地大小，有可供两架直升机起落的升降坪，船中还藏有一艘长达18米的登陆艇。一些见过世面的亿万富豪们也惊呼"这简直就是航空母舰"。艾伦常邀请亲朋故旧、娱乐明星及IT界的名流来到他耗资亿万美元的游艇上游玩。在游艇驶往诸如巴厘岛等旅游胜地的途中，艾伦会手执吉他与著名音乐人彼得·加布里埃尔联袂表演，以飨来宾。艾伦曾说："我十分热爱编程，但是这无法与音乐相比。"他建立了自己的摇滚乐队"屠户店男孩"，并在乐队担当吉他手。当他听说西雅图Cinerama电影院即将关门的消息后，就立刻行动起来，不但买下电影院，还把它改造成展示各种电影的展览馆和西雅图科幻博物馆、名人堂，珍藏着近半个世纪的各种科幻艺术作品和艺术家们关于未来各种幻想的图画。艾伦还在西雅图闹市区建立了梦幻般的摇滚博物馆。作为好莱坞梦工厂和波特兰广播电台的老板，艾伦还是致力于寻找太空生命和研究人工智能的SETI项目的主要赞助人，他曾为研究人类大脑出资一亿美元，并建立了专门的基金会。

在这里我们讲艾伦的生活，并不是告诉大家都去效仿他，与他攀比，而是说，虽然人生在于奋斗，但在可能的情况下，要适度地放松，学会享受生活的美好。

交友要慎重

《塔木德》中说："与污秽者为伍，自己也得污秽；与洁净者相伴，自己也得洁净。"

犹太人认为，交友不慎，人会很容易受到伤害。因此，犹太人从小就教育孩子如何择友。有这样一则关于犹太人教育孩子的故事。

一天，爸爸从外边回来，把3岁的约翰放到壁炉台上，然后松手道："约翰，跳到爸爸怀里来。"约翰见爸爸和自己玩，显得很高兴，笑着往爸爸怀里跳。可是，当约翰快要落到爸爸怀里时，爸爸却突然闪到门一边。约翰落到地上，哇哇地哭开了。小约翰哭着爬到坐在对面沙发上的妈妈怀里，妈妈也只是笑着说："爸爸真坏！"爸爸则站在一旁对小约翰说："站起来。"

犹太人认为这种做法不是残忍，而是正常的。他们说："像这样重复几次，孩子自然就认为，即使是爸爸也不可信，这样孩子以后就不会轻信任何人了。"所以，孩子以后在交友时就会谨慎，认为良友难得，在与人相处时会适度戒备，而这也是对自己的一种保护。

梅里特兄弟是由德国移民到美国的，定居在密沙比。通过辛勤的工作，兄弟俩积攒了一笔钱。后来，他们意外地发现，密沙比有着丰富的铁矿。兄弟俩决定秘密行动，他们不动声色地收购地产，顺利成立了铁矿公司。

当地人汉克斯看到梅里特兄弟的铁矿公司十分眼热。汉克斯等待时机，决心要得到这个铁矿。

1837 年，经济危机笼罩着美国，市面银根告紧，同许多公司一样，梅里特兄弟的铁矿公司也陷入危机之中。兄弟俩愁眉不展，他们的一个好朋友布什来到他们家。在闲聊中，梅里特兄弟不自觉地谈到了经济危机，并对布什说铁矿公司也陷入了危机之中，资金周转困难。

布什热心地说："你们怎么不早些告诉我呢！我可以帮你们一把啊！"

兄弟俩听了这话不禁喜出望外，对布什说："您有何高见？"

布什说："我有一个朋友，看在我的面子上，他可以提供给你们需要的周转资金。"

兄弟俩说："您真是个好人，我们都不知道拿什么感谢您呢！"

布什问："你们需要多少钱周转？"

梅里特说："42 万美元。"

布什很快就写了封借 42 万美元的介绍信。

兄弟俩又问："那么利息怎么计算呢？"

布什大方地说："我怎能要你们的利息呢？这样吧，比银行利率低2厘。"

兄弟俩简直不能相信这样的好事会降临在他们的头上。

布什拿出笔墨立了一张借款字据："今有梅里特兄弟借到考尔贷款42万美元整，利息3厘，空口无凭，特立此为证。"

梅里特兄弟念了字据，觉得没有什么遗漏后，便高兴地签了字。半年之后，布什又来到梅里特兄弟家里，一进门，他就十分严肃地对兄弟俩说："我的朋友是汉克斯，他早上给我来了电报，要求马上收回那42万美元贷款。"

梅里特兄弟没有那么多钱，只好被逼上了法庭。

汉克斯的律师说："借据写的是考尔贷款。考尔贷款是贷款人随时可收回的贷款，所以它的利息要比一般贷款低。根据美国法律，借款人要么立即还清所借款，要么宣布破产！"在这种情况下，兄弟俩只好宣布破产，将产业出卖，买主当然是汉克斯，铁矿公司作价52万美元。

梅里特兄弟在创办铁矿公司之前知道严守秘密，恐有人捷足先登。这一步走得对。然而，当铁矿公司办起来之后，他们却放松了警惕，交友不慎最终造成了他们的悲剧。

《塔木德》告诉犹太人，当你去交一个朋友时，先考察他，不要急于信任他。因为，生活中有些朋友，当事情对他们有利时，他们是忠诚的，但是当你身处逆境、困境时，这些人就可能抛弃你，甚至会倒向"敌人"一边，这些都不是真正的朋友。

所以，交友一定要慎重，要选择忠实可靠的朋友。忠实可靠的朋友是金钱、财富所无法衡量的。所以，如果一个人不对朋友考察，就等于不去好好把握自己的前途。人在交友时一定要慎重，要选择志向远大的人，选择生活积极的人，选择忠诚可靠的人。

沉默是金，该说话时再说话

《塔木德》中说："有时，沉默胜过语言。"在生活中，总会遇到不如意的事。如果因为别人一句不顺耳的话，就与其反唇相讥、针锋相对，反而会显得自己没有涵养。如果选择沉默的态度，有时则会胜过千言万语，反而能让对方自觉无趣而退让。

有这样一个故事：

一位教师在旅途中遇到一个不喜欢他的人。连续好几天，那个人都跟着这位教师，用尽各种方法嘲笑他，教师每次都以沉默待之。

一天，那人又开始谩骂教师。教师转身问那人："若有人送你一份礼物，但你拒绝接受，那么这份礼物属于谁？"

那人答："属于原本送礼的那个人。"

教师笑着说："没错，若我不接受你的谩骂，那你就是在骂你自己。"

那人摸摸脑袋，终于离开了。

这个故事表明，沉默有时恰恰是最好的"武器"。

生活中总有些"长舌"人，喜欢搬弄是非，唯恐天下不乱。对付这些人的办法尽管很多，但是，最有效的办法往往就是保持沉默，让流言蜚语在沉默中慢慢变成无足轻重的"泡沫"。

一个国王快要病死了，医生告诉他，喝母狮子奶是存活下来的唯一希望。国王问仆人们："谁去把母狮子的奶给我拿来？""我愿意去！"有个仆人回答说，"但我必须带上 10 只山羊。"国王答应了，于是那人赶着羊群上路了。

那人找到了一个狮子洞，那儿有一头母狮子正在给幼崽喂奶。第一天，那人远远站着，扔过去一只山羊。第二天，他又扔过去一只山羊。就这样，他逐渐靠近了狮子，到了第 10 天，他和母狮子成了朋友，母狮子让他抚摸，让他和它的幼崽玩耍，最后让他取了一些自己的奶。

那人拿着奶走到半路，睡了一觉，梦见自己身体的各个部位吵了起来。他的头腿说："身体的其他器官都不能和我们相比。要不是我们走近母狮子，这个人就没办法取到奶给国王。"他的手说："要不是我们挤奶，他也没有办法取到奶给国王。""但是，"他的眼睛说，"要不是我们指路，他什么也干不了。""我比你们都好！"他的头喊叫着，"要不是我想到这个办法，你们都没有用。""而我呢，"他的舌头回答说，"我是最有用的！要是这个人不能说话，你们还能干什么？""你怎么敢和我们比？"他的身体的各部位一起叫起来，"你整天在那个黑暗的地方待着，不像我们都有骨头，你甚至连一根骨头都没有。""你们早晚会知道，"舌头说，"到那时你们就会说我是统治者。"

那人醒过来后继续赶路。当他走进国王的宫殿时，他对国王说："这是我给您带回来的狗奶！"

国王咆哮道："我要的是狮子奶。把这人带走吊死。"

在去刑场的路上，这个人身体的各个部位都颤抖起来。这时，舌头对它们说："我说过我比你们厉害。如果我救了你们，你们会不会让我统治你们？"身体的各个部位都忙不迭地同意了。

"把我送到国王那里去。"舌头冲着刽子手大喊。这人又被带到国王面前。

"为什么您要下令把我绞死？"这人问，"我带回的奶能治好您的病。您不知道有时候母狮子也叫母狗吗？"

国王的医生从这人手里接过奶，检查了一番，发现真的是母狮子奶。国王喝了以后，病很快就好了。

这个人获得了丰厚的奖赏。身体的各部位对舌头说："我们向你鞠躬致礼，你是我们的统治者。"

这则故事告诉人们，舌头是很重要的，人不能乱说话。

《塔木德》中说："在某些时候，沉默比什么话都有效。沉默就是力量，沉默往往胜过滔滔不绝、口若悬河。"

当然，沉默时要注意以下两点，这样才能不失风度，也更能取胜：

首先，沉默时要有恰当的理由。

人们通常采用的理由有：假装不理解对方对某个问题的陈述；假装对某项问题的立场不理解；假装对对方的某个失误不计较，以表示自己的态度。

其次，沉默要有度，可适时进行反击，迫使对方让步。

"沉默是金"，人们常用这句富有哲理的话赞美沉默，但有些时候，人也不应该无原则地忍气吞声，要能抓住要害，一语中的，抓住对方的"软肋"反击，这样才能维护自己的尊严，给对方以"威慑力"。

有怀疑精神，敢质疑权威

《塔木德》中说："要想有大的作为，就要打破既有的成见。""成见"就是一种思维定式。

有这样一个故事：

在一座无人居住的房子外，一只鸟每日总是准时"光顾"。它站在窗台上，不停地以头撞击玻璃窗，却每次都被撞落回窗台。但它坚持不懈，每天总要撞上 10 来分钟之后才离开。一些人猜测这只鸟是为了飞进那个房间。

后来，有人用望远镜观察，才发现那玻璃窗上粘满了小飞虫的尸体。鸟儿每次都吃得不亦乐乎！人们怎么也没有想到鸟儿有如此独特的觅食方式，而他们都总是按照自己日常的思维方式去评判鸟儿的世界。

由此可见，人们在生活中，一旦形成了某种固定观念，就会束缚住自己的手脚，限制住自己的思维，形成思维定式，成为创新的障碍。

对很多人而言，受到他人的否定是很痛苦的事情，更别提权威人士的否定了。但是对于犹太人来说，权威人士和普通人给的否定意见没什么区别。犹太人认为，即便你是权威，你也不可能永远持有正确的观点，对或不对，只能通过实践来证明。因此，犹太人对于权威的否定，大多采取中立的态度，不会给予太多的反驳，而只是默默地实践，用结果来证实到底谁才是正确的。因此，在犹太人之中产生了很多"奇才"。他们敢于向禁锢了几千年思想、影响了社会几百年的一些所谓的"真理"挑战。

敢于质疑权威、打破成见的人，往往能够成功；而因循守旧、永远跟在权威人士后面走的人，是不可能有突出的成就的。

1952 年前后，日本的东芝电气公司积压了大量的电扇卖不出去，7 万多名职员为了打开销路费尽心机，可依然进展不大。有一天，一个小职员向当时的董事长石坂提出改变电扇颜色的建议。在当时，全世界的电扇都是黑色的，东芝公司生产的电扇自然也不例外。这个小职员建议把黑色改为彩色。虽然大多数业内人士都认为这不符合常规，也行不通，但这一建议引起了石坂董事长的重视。经过研究，公司采纳了这个建议。第二年夏天，东芝公司推出了一批浅蓝色电扇，大受顾客欢迎，市场上还掀起了一阵抢购热潮，几个月之内就卖出了几十万台。从此以后，在日本以及全世界，电扇就不再是统一的黑色了。

现在我们想想，这一改变颜色的设想，增加的效益竟如此巨大，而提出这个设想，既不需要有渊博的科技知识，也不需要有丰富的商业经验，为什么东芝公司那么多专业人士就没人想到、没人提出来呢？为什么日本以及其他国家的成千上万的电气公司，以前都没人想到、没人提出来呢？这显然是因为，自有电扇以来都是黑色的。虽然谁也没有规定过电扇必须是黑色，可彼此仿效，代代相袭，渐渐地就形成了一种惯例、一种传统，似乎电扇只能是黑色的，这样的惯例反映在人们的头脑中，便形成一种心理定式、思维定式。时间越长，这种定式对人们的创新思维的束缚力就越大，人们要摆脱它的束缚也就越困难，越需要做出更大的努力。东芝公司的这位小职员提出的建议，可贵之处就在于，他突破了"电扇只能是黑色"这一思维定式的束缚，敢于打破常规。

据统计，几乎全部的犹太富翁都曾数次遭受过银行信贷部门的拒绝，但他们仍坚持不懈，转向别的信贷机构或者独辟蹊径继续寻求帮助，他们依然对自己充满信心。他们认为，越是权威人士的否定越会成为一种积极的刺激力和动力。

曾有一位犹太人开玩笑地说，某一位批判家对他的批判犹如预言家一般"准确"，只要是这位批判家否定的计划书，无一不顺利完成，同时能带给自己巨大的收益。可见，权威的说法并不一定是对的。

倘若一个人对自己没有信心，把权威人士的否定信以为真，就会从心理的"对战"中撤退，丧失前进的勇气。而那些不屈服于权威否定的人，会以权威的否定为动力，激发起斗志，燃烧起成功的欲望。

由于犹太人善于经商，很多人开始把犹太人的经商策略和经商模式视为权威，加以分析和学习，想从中归结出一些经商"真理"。对此，犹太人是持否定态度的。他们认为，成功不可复制，人只要相信自己，坚持不懈，就能成功。

所以，我们要学习犹太人既不骄傲自大也不妄自菲薄的品格。要像犹太人那样，谨慎、认真地对待他人的建议，多实践，靠自己的行动取得成功。

坚忍不拔，乐观向上

人们往往用"萨布拉斯"来形容犹太人。"萨布拉斯"即"仙人掌果"的意思，仙人掌外表坚硬带刺，但内心却相当柔软坚韧，用它来形容犹太人的性格，再恰当不过。

《塔木德》中说："失去金钱，只是失掉半个人生；但是失去勇气，则一切都失掉了。"希伯来语中有两句话在日常生活中的使用频率很高，在《塔木德》中也反复出现，它们就是"本来就是这样的"和"一切都会好起来的"。这两句话形象地反映出犹太人坚韧向上的性格。

在生活中总会面临各种各样的压力，但犹太人不会一味地抱怨，也不会觉得无法忍受或是暴跳怒吼。他们总是耸耸双肩，摇着头轻声说"本来就是这样"，然后用进一步的努力和昂扬的斗志去克服困难。他们常说："我们肯定会赢。"

"一切都会好起来的。"这句话是犹太人的座右铭，反映出他们乐观的精神，即不论发生什么，自己都有能力、有信心、能承受，永远保持乐观和充满希望。

【犹太人成功励志书】

据说，在 1976 年，以色列军队在乌干达的坎帕拉机场营救人质的行动中，牺牲了一名军官，事后整理这名军官的书信时，人们发现了他的绝笔之作——一封写于牺牲前 5 天的家信。在信中，这名军官第一次流露出对动荡的世界及不断的战争的忧心，但即便这样，在信的结尾他还是写上了"一切都会好起来的"。

犹太人"萨布拉斯"式的性格用著名心理学家、哲学家威廉·詹姆斯的话说就是："如果我们被一种不寻常的需要推动，那么奇迹将会发生。是的，当我们的疲惫达到极限时，或许是逐渐地，或许是突然地，我们会超越这个极限，找到全新的自我！此时，我们的力量显然到达了一个新的层次，这是经验不断积累、不断丰富的过程。直到有一天，我们突然发现自己竟然拥有了不可思议的力量，并感觉到难以言表的轻松。这其实就是坚韧。"

詹姆斯还指出："坚韧是一种习惯。坚韧这一习惯的过人之处在于，你表现得越坚韧，你也就越可能变得更坚韧。"事实上，坚韧对于改变我们的习惯、实现我们的目标的重要性远大于此。

坚韧是一个人通往成功、成就伟大事业所必不可少的品质。

生活中，我们会遇到各种各样的挫折。但是，"成功者"与"失败者"的区别就在于是否拥有不屈不挠和永不服输的意志。

　　联邦快递公司作为知名跨国公司，几乎无人不知。作为联邦快递公司创始人和首席执行官的弗雷德·史密斯，在耶鲁大学求学期间就产生了这个创新性的航空货运的想法。他认为，这个想法必定会使发送和接收邮件包裹的方式发生翻天覆地的变革。于是，史密斯把自己的这个想法写在了经济学课程的期末论文中。正当他满怀信心地以为会得到教授的支持的时候，教授却将他的论文评为"C"，并对他说："理念很有趣，也很严谨；但是，如果你想得到高过"C"的成绩的话，就不要写这种不可行的事情了。"这样的结果无疑让人极为沮丧。但是，史密斯毕业后，始终坚信自己的想法，最终他募集到7200万美元的贷款和证券投资来实现自己的理想。

　　由于毫无经验，加上起初的规划问题，在刚开始几年的经营中，史密斯遭受了巨大的损失，但是史密斯并没有气馁。终于，在1975年年底，史密斯迎来了近20000美元的赢利。如今，联邦快递公司已经成为一个价值百亿美元的跨国企业集团。在世界各地几乎都能看到它所开展的业务，它拥有的员工达数十万名。正是由于史密斯的不懈努力以及对自己信念的坚持，才使得在别人看来不可行的想法成为现实。

　　通过上面的案例可以看出，坚韧不拔对一个人的成功是多么重要。不论我们的目标是什么，只要我们相信自己，对自己说"再坚持一下"，那么，我们的目标就一定能实现。

有人曾做过这样一个试验：试验者把 100 个人分成 A、B 两个组。A 组的人所处的环境比较舒适，他们的一切需求和欲望都可以不费气力地得到满足；而 B 组的人却无论干什么都会遇到重重障碍。这样过了 6 个月，A 组的人整天昏昏然，精神颓废，而 B 组的人却精神抖擞，提出了许多新的设想并热衷于改善生活的现状。

物竞天择，适者生存。逆境不过是社会淘汰机制下的一个关卡而已，能不能挺过去要看自己是否努力。倘若能经受住逆境的考验，那么你就是一个强者。所以说，当遇到逆境的时候，人生的分水岭就出现了：有的人坚持努力并且成功了，不断攀升人生高峰；有的人退缩、放弃了，甘认失败，最终碌碌无为，默默无闻。

辛·吉尼普的父亲生重病的时候已经 60 岁了，他曾是俄亥俄州的拳击冠军，有着硬朗的身子。

一天，吃罢晚饭，父亲把家人召到病榻前。父亲一阵接一阵地咳嗽，脸色苍白。他艰难地扫了每个人一眼，缓缓地说："那是在一次全州冠军对抗赛上，对手是个人高马大的黑人拳击手，而我个子矮，一次次被对方击倒，牙齿也出血了。休息时，教练鼓励我说：'辛，你能挺到第 12 局！'我也说：'我能应付过去！'然而对击时，我感到自己的身子像一块石头、像一块钢板，对手的拳头击打在我身上发出空洞的声音。我跌倒了又爬起来，爬起来又被击倒，但我终于熬到了第12局。对手颤栗了，我开始反攻，我是用我的意志在击打，长拳、勾拳，又一记重拳，我的血同他的血混在一起。眼前有无数个影子在晃，我对准中间的那一个狠命地打过去……他倒下了，而我终于挺过来了。哦，那是我获得的唯一的一枚金牌。"

说话间，父亲又咳嗽起来，额头上的汗珠滚滚而下。他紧握着吉尼普的手，苦涩地一笑："不要紧，才一点点痛，我能应付过去。"

第二天，父亲就去世了。那段日子，正碰上全美经济危机，吉尼普和妻子先后失业，经济拮据。

吉尼普和妻子天天跑出去找工作，晚上回来，总是面对面地摇头，但他们没有气馁，而是互相鼓励说："不要紧，我们会挺过去的。"

后来，当吉尼普和妻子都重新找到了工作，坐在餐桌旁静静地吃着晚餐时，他们总会想到父亲，想到父亲的那句话——当我们感到生活艰苦难耐的时候，要咬牙坚持，学会在困境中对自己说："一切都会好起来的。瞧，我能应付过去！"

克莱门特·斯通说："坚韧往往是同命运结合在一起的。"犹太人正是因为"萨布拉斯"式的性格才被世人称赞，他们也才在各个领域骄傲地活着。

度德而处之，量力而行之

有这样一个故事：

很久以前，有一个农夫在菜园里松土，突然从土疙瘩后面跳出一只很大的毒蜘蛛。农夫吓得惊叫着跳到了一边。"谁敢动我，我就咬死谁！"毒蜘蛛发出"咝咝"怪叫，舞动着长爪子，威胁农夫。毒蜘蛛又向前爬了几步，张开大嘴做出咬人的凶相，对农夫说："蠢农夫，你要听明白，只要被我咬一口，你就会有死掉的危险。你先是在痛苦中抽搐，接着是在极度痛苦中咽气！走开，别靠近我，否则，你就要倒大霉了！"

农夫心里清楚，这个小东西是在装腔作势、说大话罢了，它过高地估计了自己。农夫向后退了一步，用足力气，光着脚丫子狠命地踩蜘蛛，一边踩一边说："你嘴上讲得挺厉害，可你又有什么本事呢？我这个泥巴腿倒要领教领教，看你能不能咬死我！"毒蜘蛛被踩死了。在它生命的最后一刻，仍然狠命地在农夫的大脚掌上咬了一口。不知是因为农夫的脚掌上长满了厚厚的老茧，还是因为农夫深信蜘蛛的威胁只不过是"吹牛"，所以农夫除了感到被毒蜘蛛轻轻地蜇了一下之外，并没有别的感觉。

犹太父母经常给孩子讲这个故事，告诉孩子：不要说大话，说大话是无知、自满的表现，当一个人说大话时，就会失去一个人应有的谦虚恭敬，这样非常不利于人际交往。人要认清自己，要有自知之明。一个人如果没有自知之明，就容易被自负冲昏头脑，自以为是。

富兰克林年轻时，是一个骄傲自大的人，他总是不可一世、咄咄逼人。造成他这种个性的最大原因，要归咎于他的父亲过于纵容他，从来不对他的这种行为加以训斥。

后来，他父亲的一位挚友看不过去了。有一天，父亲的挚友把富兰克林唤到面前，对他说："富兰克林，你想想看，你那不肯尊重他人意见、事事都固执己见的行为，结果将使你怎样呢？人家在遭受了几次难堪的境地后，谁也不会愿意再听你那一味矜夸骄傲的言论了。你的朋友们将一一远离你，这样你将不能交到好朋友，也不能从别人那里获得半点儿学识。何况，你现在所知道的事情，老实说，还有限得很，根本不管用。"

富兰克林听了这一番话，大为感慨，思考了多日，深知自己过去的错误，决定从此痛改前非，言行也变得谦恭起来，时时慎防有损别人的尊严。

不久，富兰克林便从一个被很多人鄙视、拒绝与其交往的自负者，成为受人欢迎、爱戴的人了。而富兰克林一生的伟大事业也得益于这次谈话。

如果富兰克林当时没有接受这样一位长辈的劝勉，仍旧一意孤行，不把他人放在眼里，那结果一定不是这样。

犹太人认为，自大是危险的，自以为是将会使你给别人留下不好的印象，被周围的人厌恶，这样你所能交上的新朋友，永远没有你所失去的老朋友多，直到你被亲朋好友所遗弃。这样的话，别说发展了，连基本的生活乐趣也都没有了。所以，谦虚低调，是一个有涵养的人对自己的基本要求。谦虚谨慎的人不会装模作样、摆架子、盛气凌人，他们能够虚地向别人请教，放低姿态，接受他人的意见与批评。

杰斐逊出身于贵族家庭，他的父亲曾经是军中的上将，母亲是名门之后。当时的贵族除了发号施令以外，很少与平民百姓交往，他们也看不起平民百姓。然而，杰斐逊没有秉承贵族阶层的"恶习"，而是主动与各阶层人士交往。杰斐逊的朋友中不乏社会名流，但更多的是普通的园丁、仆人、农民或者贫穷的工人。杰斐逊善于向各种人学习，他认为每个人都有自己的长处。有一次，他和法国伟人拉法叶特说："你必须像我一样到民众家去走一走，看一看他们的菜碗，尝一尝他们吃的面包，只要你这样做了，你就会了解到民众不满的原因，并会懂得正在酝酿的法国革命的意义了。"由于杰斐逊作风扎实，深入实际，所以，他虽高居总统之位，却很清楚民众究竟在想什么、到底需要什么。这样，他在与民众关系密切的基础上，成为一代伟人。

谦虚谨慎的人是有自知之明的，他们面对成功、荣誉时不骄傲，而是将其视为一种激励自己继续前进的力量，因此他们不会陷在荣誉和成功的喜悦中不能自拔，他们也不会把荣誉当成"包袱"背起来，或沾沾自喜于一得之功，不再进取。

古希腊著名哲学家苏格拉底不但才华横溢、著作等身，而且广招门生、奖掖后进。每当人们赞叹他的学识渊博、智慧超群的时候，苏格拉底总是谦逊地说："我唯一知道的就是我自己的无知。"

牛顿是科学史上的巨人之一。他发现了万有引力定律，建立了成为经典力学基础的牛顿运动定律；他进行了光的分解而创立了光学；在热力学方面，他确定了冷却定律；在天文学方面，他创制了反射望远镜，考察到行星运动规律，科学地解释了潮汐现象，预言了地球不是正球体；在数学方面，他是微积分学的创始人……恩格斯在《英国状况》一文中对牛顿的伟大成就赞叹不已。然而牛顿自己却非常谦逊。在他临终的时候，来探望他的亲朋好友在病榻边对他说："你是我们这个时代的伟人……"牛顿听到"伟人"二字后便摇摇头，说："不要那么说，我不知道世人怎样看我，但我自己只觉得好像是一个在海滨玩耍的孩子，偶尔拾到了几只光亮的贝壳。但真理的汪洋大海在我眼前还未被认识、被发现。"停顿了片刻，牛顿又说：

"如果说我比别人看得远些，那是因为我站在巨人们的肩膀上。"
说完这段话，他平静地闭上了眼睛。

"度德而处之，量力而行之。"凡事都要保持谦虚谨慎的
态度，不可骄傲自满。

积极的心态像太阳，
照到哪里哪里亮

《塔木德》说："如果折断了一条腿，你就应该感谢上帝没有折断你两条腿；如果你折断了两条腿，你就应该感谢上帝没有折断你的脖子。"乐观的精神是犹太民族生存下来的精神支柱。

曾经有过一场被视为"破烂"拍卖会的拍卖。拍卖商走到一把看起来非常旧、非常破、样子磨损得非常厉害的小提琴旁，拿起小提琴，播了一下琴弦，结果发出的声音跑调了，难听得要命。他看着这把又旧又脏的小提琴，皱着眉头、毫无热情地开始出价，10美元，没人接手。他把价格降到5美元，还是没有反应。他继续降价，一直降到1美元。他说："1美元，只有1美元。我知道它值不了多少钱，可只要花1美元就能把它拿走！"

就在这时，一位头发花白、留着长长的白胡子的老人走到前面，问拍卖商能否看看这把琴。老人拿出手绢，把灰尘和脏痕从琴上擦去，他又慢慢拨动琴弦，一丝不苟地给每一根弦调音。然后，老人把这只破旧的小提琴放到下巴上，开始演奏。

美妙的旋律从这把破旧的小提琴上流淌出来。拍卖商又问起价是多少。一个观众说 100 美元，另一个观众说 200 美元，价格一直上升，直到最后以 1000 美元成交。

为什么有人肯花 1000 美元买一把破旧的、曾经 1 美元都没人买的小提琴？因为它已经被调准了音，能够拉出优美的乐曲。其实，每个人也像一把小提琴，你的心态就好比琴弦，调整好了心态，别人就不会轻视你的价值。

人生不如意之事十之八九。决定我们幸福或不幸、快乐或痛苦的，不是自身的处境，而是我们的心态。人生路上，不管发生了多么令人不愉快的事情，只要保持阳光的心态，勇敢地面对，就不会被艰难险阻打败。

有位刚毕业的大学生，在征兵时应征入伍，即将被派到最艰苦也最危险的海军陆战队去服役。

这位年轻人自从得知自己被海军陆战队选中的消息后，便显得忧心忡忡。在大学任教的爷爷见孙子一副魂不守舍的样子，便开导他说："孩子，这没有什么好担心的。到了海军陆战队，你将会有两个机会，一个是留在内勤部门，一个是被分配到外勤部门。如果你被分配到了内勤部门，就完全用不着担惊受怕了。"

年轻人问爷爷："那要是我被分配到外勤部门呢？"

爷爷说："那同样会有两个机会，一个是留在国内，另一个是分配到国外的军事基地。如果你被分配到和平友善的国家，那也是件值得庆幸的好事。"

年轻人问："爷爷，那要是我不幸被分配到维和地区呢？"

爷爷说："那同样也有两个机会，一个是依然能够保全性命，另一个是完全救治无效。如果尚能保全性命还担心它干什么呢？"

年轻人问："那要是完全救治无效怎么办呢？"

爷爷说："还是有两个机会，一个是作为勇于冲锋陷阵的国家英雄而死，一个是唯唯诺诺躲在别人后面而不幸遇难。你当然会选择前者，既然会成为英雄还有什么好担心的。"

是的，就像上面故事中说的那样，无论人生有什么样的际遇，人都会有两个机会，一个是好机会，一个是坏机会。好机会中藏匿着坏机会，而坏机会中又隐含着好机会。到底是好机会还是坏机会，关键在于我们以什么样的眼光、什么样的视角去对待它们。如果用乐观豁达、积极向上的心态去看待，那么坏机会也会转变为好机会；而如果用消极、悲观的心态去对待，那么好机会也会被看成是坏机会。

佛烈德·富勒·须德是费城《告示报》的编辑。一次，他在大学毕业班演讲时，忽然问道："有多少人锯过木屑？"

全场愕然，没有一个人举手。

"当然，你们不可能去锯木屑，"须德说，"因为木屑是已经锯下来的。所以过去了的事情也是一样，当你为那些已经做过的事情忧虑重重时，你只不过是在锯木屑而已。"

戴尔·卡耐基先生对"不要去锯木屑"的比喻非常赞赏。卡耐基曾经问过 81 岁高龄的棒球老将杰克·邓普赛："你有没有为输了的比赛烦恼过？"

"噢，有的，我年轻时常常这样，"邓普赛回答说，"可是最近几十年来，我再也不干这种傻事了。"

"为什么是傻事呢？"卡耐基不解地问。

"磨完的粉子不能再磨，水已经把它们冲到底下去了。"

对此卡耐基感叹良多："磨完的粉子，不能再磨；锯木头剩下的木屑，不能再锯；已经过去的事情，不要再去纠正了！"

是的，千万不要忘了——不要去锯木屑。要把生活中失败和挫折的忧虑减少到最小的程度，这也是犹太人提出的积极乐观的生活态度的最好印证。

相信自己能做到

20 世纪 70 年代，美国当代著名心理学家斯坦福大学心理学系教授阿尔伯特·班杜拉提出了"成功者不一定认为自己最棒，而是相信自己能做到"的理论。他说，成功人士的重要特质之一是拥有"自我效能感"，即自信、自尊。

但心理学家发现，真正成功的人，并不需要特别的"自信"或"自尊"！

很多成功的人，在他们还是不起眼的普通人的时候，他们只是深深地相信，他们能"做到这件事"！他们相信，自己不怎么样没关系，自己不如人也无所谓，重要的是，"自己"要相信自己可以充分发挥自己的能力，将眼前的事情做好！很多成功人士都不是很有自信的人，但他们却拥有"自我效能感"，比如：

"我虽笨，但我可以做成这件事！"

"我虽丑，但我偏偏就是可以做到这件事！"

"我虽穷，但我无论如何都可以做到这件事！"

　　这些拥有高度"自我效能感"的人，总是认为："成事不在天，而在我本人！我拥有每一分的控制权，决定做事是否会成功！"正是因为有这种把握，所以，即使遇到挫折和障碍，他们也能够在艰难险阻中继续前行！

　　有趣的是，有些"有自信"的人，不见得可以做到持之以恒。或许就是因为太有自信，所以这些人做了一阵子，发现一直在"碰壁"，于是，不再朝着目标努力，过早地放弃，结果失去了很多本来可以成功的机会。

　　拿破仑·希尔说："为了有效解决问题，首先你要强烈地相信自己能够做到。"有些事情很多人之所以不愿去做，只是因为他们想当然地认为做这件事很困难。其实，只要你满怀勇气坚持下去，也许你很快就能排除障碍，走向成功。

　　哈佛大学曾做过一项关于学习新知识的调查研究。研究人员发现，没有计划过如何完成作业的学生，作业的正确率只有55%；而预先做过详细计划的学生，作业的正确率接近100%！

　　还有一个有趣的心理试验，研究人员把水平相当的足球队员分为三个小组。研究人员告诉第一个小组停止练习射门一个月；要求第二个小组在一个月之内每天下午在球场上练习射门一个小时；让第三个小组在一个月中每天在自己的想象中练习一个小时的射门。

一个月后公布结果：第一组射门的成功率由39%降到37%，第二组射门的成功率由39%上升到41%，这两组数据都在大家的预料之中。但是第三组的结果却令人感到极为意外：他们射门的成功率由39%上升到42.5%！

在想象中练习射门技术，怎么能够比实地练习提高得还要多呢？其实这正是他们在思想中模拟成功的效果——在第三组队员的想象中，他们踢出的球都进了球门。

其实成功者就像第三组球员，他们不断地创造或者模拟着他们获得成功的经历，这些模拟的成功不断地激励着他们自己，使他们想象自己就是成功者，结果，他们真的成了成功者。而失败者，往往在一次次的失败经历中被打倒，此后，在这些屡次失败的人的想象中，更多的是对失败的担心、畏惧，结果，这些人就真的成了失败者。

所以，在通往成功的道路上，形象化的设想——或者说在脑海里创造出的鲜明的、激动人心的画面——是我们拥有的最有力却没有得到充分使用的"工具"。因为我们在真实生活中从事各种活动时，大脑的思维过程与设想进行的思维过程是相同的。也就是说，我们的大脑认为，设想某件事和实际做某件事之间，在整个思维过程上并没有本质区别。

思想具有决定结局和命运的力量，这是一个普遍的真理。伦敦大学的罗勃·博哈利博士在教导智障孩子学习时说："想一个你认识的很聪明的人，然后闭上双眼，想象你就是那个聪明的人。"孩子们照做后，接下来的测试结果显示，孩子们的分数都有显著提高。

为什么会如此神奇？因为你如果调动了全部身心，投入到非常生动的想象中去，大脑的潜意识便分辨不出什么是现实，什么是想象，然后就会按照你在想象时创造的记忆线路，自动下达行动指令，引导你走向你所设想的情境。

詹姆斯·纳斯美瑟少校梦想在高尔夫球技上能够突飞猛进，于是他发明了一种独特的方式以达到目标。在此之前，他的球技在中下游。在以后的 7 年间，他几乎没碰过球杆，没踏进球场。

在这 7 年间，纳斯美瑟少校用了令人惊叹的"先进技术"来提高他的球技——这个"技术"人人都可以效仿。运用这种方法，在他 7 年后第一次踏上高尔夫球场时，就打出了令人惊讶的 74 杆。这比他以前打的平均杆数仅低 20 杆，而他已 7 年未上场！

原来，纳斯美瑟少校这 7 年是在越南的战俘营度过的。7 年间，他被关在一个只有 4 尺半高、5 尺长的笼子里。绝大部分时间他都被囚禁着，看不到任何人，没有人和他说话，他也没有任何体能活动。开始的几个月他什么也没做，只祈求着赶快脱身。后来他意识到必须发明某种方式，使之占据心灵，不被陷实击倒，于是他建立了"心像"。

在他的心中，他选择了最喜欢的高尔夫球，开始想象着打起了高尔夫球。每天，他在幻想中的高尔夫乡村俱乐部打18洞。他看见自己穿着高尔夫球装，闻到了绿树的芬芳和草的香气。他还尝试着体验不同的天气状况，在他的想象中，球台、草、树、啼叫的鸟、跳来跳去的松鼠、球场的地形都历历在目。他感觉自己的手握着球杆，练习各种推杆与挥杆的技巧。他看到球落在修整过的草坪上，跳了几下，滚到他所选择的特定点上，这一切都在他的心中发生。

在很多人看来，詹姆斯·纳斯美瑟少校的"心像术"是一种徒劳无功、不切实际的幻想，但实际上，这种"心像"的建立是需要热爱生活、追求理想的力量来支撑的。

这听起来不可思议是吗？可它就是事实。当你每天在脑海里预演实现目标的情景时，首先，这种方法会使你大脑的网状系统得到调整，让你调动任何"能帮助你实现目标"的因素，同时使你抛弃那些干扰你成功路线的因素。其次，这种方法会刺激你的潜意识，这样你的思维会变得灵活起来，一些能够达到理想目标的方法便会被创造出来。再次，形象化的设想能够提高你的积极主动性，使你更加自信。结果，你会发现自己能完成很多以前自己不敢去做或认为不能做到的事情。

英国小说家毛姆曾说："人生实在奇妙，如果你坚持只要最好的，往往都能如愿。"人的每一个梦想，只要持之以恒，都会梦想成真。无论环境如何困苦，只要不向逆境低头，只要你敢于去行动，你就可以获得成功，就没有什么不能实现的。

拿破仑·希尔曾经做过一个试验，他问一群学生："你们有多少人觉得我们可以在 30 年内废除所有的监狱？"

学生们觉得很不可思议，都怀疑自己听错了。一阵沉默后，拿破仑·希尔又重复了一遍："你们有多少人觉得我们可以在 30 年内废除所有的监狱？"

确信拿破仑·希尔不是在开玩笑之后，马上有人站起来大声反驳："这怎么可以，要是把那些罪犯全部释放，你想想会有什么可怕的后果？这个社会别想得到安宁了。无论如何，监狱是必须存在的。"

其他人也开始七嘴八舌地讨论："我们正常的生活会受到威胁。""有些人天生心肠坏，改不好的。""监狱可能还不够用呢！""天天都有犯罪案件发生！"还有人说有了监狱，警察和狱卒才有工作做，否则他们就都要失业了。

拿破仑·希尔不为所动，他接着说："你们说了各种不能废除的理由。现在，我们来试着相信可以废除监狱，假设可以废除，我们该怎么做。"

大家勉强把这个话题当成试验，开始静静地思索。过了一会儿，有人犹豫地说："成立更多的青年活动中心，应该可以减少犯罪事件。"不久，这群在 10 分钟以前持反对意见的人，开始热心地参与话题的讨论，纷纷提出了自己认为可行的措施。"先消除贫穷，低收入阶层的犯罪率高。""采取预防犯罪的措施，辨认、疏导有犯罪倾向的人。""借医学方法来医治某些罪犯。"……最后，他们总共提出了78种构想。

在很大程度上，我们的想法决定了事情的结果。所以当你认为某件事不可能做到时，你的大脑就会为你找出种种做不到的理由。但是，当你真正相信某一件事确实可以做到时，你的大脑就会帮你找出能做到的各种方法。所以，要想达到目标，就要相信自己能做到。

尊重自己的工作

《塔木德》中说："人若工作，便为有福。"犹太人认为，人无论做哪一行，都必须尊重自己的工作，这样才能成为精英，才能赚到这一行的钱。

纳尔逊中学是美国一所古老的中学，由第一批登上美洲大陆的 73 名教徒集资创办。在这所中学的大门口，有两尊苏格兰黑色大理石雕像，左边是一只苍鹰，右边是一匹骏马。这两尊雕塑是纳尔逊中学的标志，它们或被刻在校徽上，或被印在明信片上，或被缩成微雕摆放在礼品盒中。许多人以为鹰代表着"鹏程万里"，马代表着"马到成功"。可是，仔细研究历史，了解了这两尊雕像的起缘后，就会发现，根本不是那么回事。

那只鹰所代表的不是"鹏程万里"，它其实是一只被饿死的鹰。这只鹰为了实现飞遍世界的远大理想，苦练各种飞行本领，结果忘了学习觅食的技巧，所以在踏上征途的第四天就被饿死了。那匹马也不是什么千里马，而是一匹被剥了皮的马。开始的时候这匹马嫌它的第一位主人——一位磨坊主给的活多，乞求上帝把它换到一位农夫家。上帝满足了马的愿望，可是它又嫌农夫给它的饲料少。最后马到了一位皮匠手里，在那儿什么活也不用干，饲料也多，可是没几天，它的皮就被剥了下来。

那73名教徒之所以把这两尊雕塑矗立在学校的大门口，为的是让学生们警醒。真正能把人从饥饿、贫困和痛苦中拯救出来的，是工作、劳动和生存的技能，而不仅仅是理论知识的多与寡！理论必须和实践紧密结合才有价值。

一个人所做的工作是他人生态度的体现，一个人一生的职业就是他志向的展示、理想的所在。所以，了解了一个人的工作态度，在某种程度上就了解了那个人。看一个人能否做好事情，主要是看他对待工作的态度。

著名管理专家威迪·斯太尔曾说："每个人都被赋予了工作的权利，一个人对待工作的态度决定了这个人对待生命的态度。工作是人的天职，是人类共同拥有和崇尚的一种使命。当我们把工作当成一项使命时，就能从中学到更多的知识，积累更多的经验，就能从全身心投入工作的过程中找到快乐，实现人生的价值。这种工作态度或许不会有立竿见影的效果，但可以肯定的是，当'轻视工作'成为一种习惯时，其结果可想而知。工作上的日渐平庸虽然表面看起来只是损失一些金钱或时间，但是给人的整个人生将会留下无法挽回的遗憾。"

下面是美国的石油大王洛克菲勒写给儿子约翰的一封信。

亲爱的约翰：

我可以很自豪地说，我从未尝过失业的滋味。这并非是我运气好，而是因为我从不把工作视为毫无乐趣的苦役，我总能从工作中找到无限的快乐。

我认为，工作是一项特权，它带来比维持生计更多的事物。工作是所有生意的基础，是所有繁荣的来源，也是天才的塑造者。工作使年轻人奋发有为，工作是为生命增添味道的食盐。人们必须先爱它，然后工作才能给予我们最大的恩惠，从而让我们获得最大的成功。

我初进商界时，时常听说，一个人想"爬"到高峰需要牺牲很多。然而，岁月流逝，我开始了解到很多正爬向高峰的人，并不是在付出代价。他们努力工作是因为他们真正地喜爱工作。任何行业中往上爬的人都是全身心地投入到正在做的事情中的人，他们衷心喜爱他们所从事的工作，自然也就容易取得成功了。

热爱工作是一种信念。怀着这种信念，我们能把绝望的大山凿成一块希望的磐石。

但有些人显然不够聪明，他们有野心，却对工作过分挑剔，一直在寻找"完美"的雇主或工作。事实是，雇主需要准时工作、诚实而努力的雇员，他只将加薪与升迁的机会留给那些格外努力、格外忠心、格外热心、花更多的时间做事的雇员，因为他在经营生意，而不是在做慈善事业，他需要的是那些更有价值的人。

我永远也忘不了我的第一份工作的经历。那时，我虽然每天天刚亮就得去上班，而办公室点着的油灯又很昏暗，但那份工作从未让我感到枯燥乏味，反而很令我着迷和喜悦，连办公室里的一切繁文缛节都不能让我对它失去热情。而结果是雇主不断地为我加薪。

收入只是你工作的副产品，做好你该做的事，出色地完成你该做的工作，理想的薪金必然会来。我们劳苦的最高报酬，不在于我们所获得的，而在于我们会因此成为什么样的人。那些头脑活跃的人拼命劳作绝对不是只为了赚钱，使他们的工作热情得以持续下去的东西要比只知敛财的欲望更为高尚，他们在从事一项迷人的事业。

老实说，我是一个野心家，从小我就想成为富人。对我来说，我受雇的休伊特·塔特尔公司是一个锻炼我的能力、让我一试身手的好地方。这家公司代理各种商品销售，拥有一座铁矿，还经营着两项让它赖以生存的事业，那就是给美国经济带来革命性变化的铁路与电报。这份工作把我带进了妙趣横生、广阔绚丽的商业世界，让我学会了尊重数字与事实，让我看到了运输业的强大生命力，更培养了我作为商人所应具备的能力与素养。所有这些都在我以后的经商中发挥了极大的效能。可以说，没有在休伊特·塔特尔公司的磨炼，在事业上我或许要走很多弯路。

现在，每当想起休伊特·塔特尔公司，想起我当年的老雇主休伊特和塔特尔两位先生时，我的内心就不禁涌起感恩之情。那段时期是我一生奋斗的开端，为我打下了奋起的基础，我永远对那三年半的经历感激不尽。

所以，我从未像某些人那样抱怨自己的雇主，说："我们只不过是奴隶，被雇主踩在脚下。他们却高高在上，在他们美丽的别墅里享乐。他们的保险柜里装满了黄金，他们所拥有的每一块钱，都是压榨我们得来的。"我不知道这些抱怨的人是否想过，是谁给了你就业的机会？是谁给了你建立家庭的可能？是谁让你得到了发展自己的可能？如果你已经意识到了别人对你的压榨，那你为什么不结束压榨，一走了之？

工作是一种态度，它决定了我们快乐与否。同样是石匠，同样在雕塑石像，如果你问他们："你在这里做什么？"他们中的一个人可能就会说："你看到了嘛，我正在凿石头，凿完这个我就可以回家了。"这种人永远视工作为惩罚，从他嘴里最常吐出的一个字就是"累"。

另一个人可能会说："你看到了嘛，我正在做雕像。这是一份很辛苦的工作，但是酬劳很高。毕竟我有太太和四个孩子，他们需要温饱。"这种人永远视工作为负担，从他嘴里经常吐出的一句话就是"养家糊口"。

第三个人可能会放下锤子，骄傲地指着石雕说："你看到了嘛，我正在做一件艺术品。"这种人永远以工作为荣，以工作为乐，在他嘴里最常吐出的一句话是"这个工作很有意义"。

天堂与地狱都是自己建造的。如果你赋予工作意义，不论工作的内容如何，你都会感到快乐。自我设定的成绩不论高低，都会使你对工作产生兴趣。如果你不喜欢做的话，任何简单的事都会变得困难、无趣。当你叫喊着这个工作很累人时，即使你不卖力气，你也会感到精疲力竭，反之则大不相同。

约翰，如果你视工作为一种乐趣，人生就是天堂；如果你视工作为一种义务，人生就是地狱。检视一下你的工作态度，那会让你和他人都感到愉快。

一个成功者之所以成功是有原因的，看了洛克菲勒教育儿子树立正确工作态度的书信，你的内心有何感受？是否也为此受到了巨大的震撼？当然，你过去对工作的态度如何，这并不重要，毕竟那已经是过去的事了；重要的是，从现在开始，尊重你的工作，用心对待你的事业，对你的工作，也是对你自己的人生负责！

宽容他人，也要宽容自己

《塔木德》中说："把你承受的容积放大些，味道就不一样了。"

很多人说，宽容自己挺容易的，宽容别人就比较困难。但其实宽容自己也并不容易。还有些人认为自己是最不值得宽容的，于是总给自己许多负担，其实这样做是不对的。一个人如果连自己都不能宽容，那又怎能宽容他人呢？

卜劳恩是德国著名的漫画家，他曾有一段时间极为消极，后来他看了儿子和自己的日记，大受启发，一下子转变了自己的生活态度：

5月6日，星期一。真是个倒霉的日子。工作没找到，钱也花光了，更可气的是儿子又考砸了，这样的日子还有什么盼头？（卜劳恩）

5月6日，星期一。早上去上学的时候，我扶一位老奶奶过了马路，心情很好。只是这次考试不大理想，但当我把这个消息告诉爸爸时，他却没有责备我，而是深深地看了我一眼，

使我深受鼓舞。我决定努力学习，争取下次考好，不辜负爸爸的期望。（克里斯蒂安）

5月15日，星期天。这个该死的山姆，又在拉他的破小提琴，好不容易有个休息日，又被他吵得不得安宁。这样下去，我非报警没收了他的小提琴不可。（卜劳恩）

5月15日，星期天。山姆大叔的小提琴拉得越来越好了，我想，有机会我一定要去向他请教，让他教我拉小提琴。（克里斯蒂安）

卜劳恩看了自己和儿子的日记后，久久不语。他不知道自己从什么时候开始，竟变得如此悲观厌世，难道自己对生活的承受力还不及一个孩子？后来，他慢慢变得积极、乐观，并努力寻找工作。

他在工厂干过，给很多杂志画过插图，他的连环漫画《父与子》被誉为德国幽默的象征，受到了人们的高度赞扬，其声誉远远超越了国界。有记者采访他，问他成就的取得是否是因为看了某个大师的书。卜劳恩说："真正的大师是我儿子。"

宽容自己，就会理解天空需要朵朵白云的点缀；宽容自己，就能明白青松翠柏需要丛丛野花来衬托；宽容自己，就能体会到生命不是活给别人看的。人生的精彩与否，其实全在自己的体会。

从更深层的意义讲，只有做到了对自己宽容、谅解，才能做到真正意义上的对别人宽容、谅解。

宽容自己，放下过去的"包袱"，开始新的征程，这样你会发现生活的道路越走越宽，你内心活动的范围扩大了，快乐也就油然而生。每个人都有缺点，面对自己的缺点，不能视而不见或拒绝承认；也不能自暴自弃，惩罚自己，讨厌自己，否认自己。一个人若是真正热爱生活，就会积极地"呵护"自己的心灵健康，坦然面对自己内心的"黑暗面"，接受真实的自己，没有伪装，放下内心的不快，用积极的人生观去面对错综复杂的现实。

当然，宽容自己绝不等于放任自流，更不是在失败时为自己寻找冠冕堂皇的理由。宽容自己，是给自己"喘气"的机会，为下一次奋斗积蓄能量，从而获得更好的发展。尽管一个人很难达到完美，但也要有一个目标或理想。适当地宽容自己的失败就是把过去看作宝贵的人生经验和教训，总结不足，学会提高自己和锻炼自己。

有一部美国电影，讲的是一位抱着音乐家梦想的姑娘为生计所迫，嫁给了一位勤劳朴实的农夫。家庭的重负使她失去了实现自己梦想的机会，她不能释怀，于是把梦想寄托在了极富音乐天资的女儿身上。女儿终于考上了纽约音乐学院，她欣喜若狂。然而女儿却执意要辍学，去做一位农夫的妻子。母亲痛心疾首，追问女儿为什么要如此。女儿说："我知道如果我不去考音乐学院，您就永远不会放过我。您希望我来实现您的梦想，这其实是执著于您当年未能实现的夙愿。可我的梦想只是要做我爱的人的妻子。也许我的梦想和您的相比显得太渺小了，太卑微了，可是妈妈，我真的希望和他拥有自己的孩子与土地。我决不把自己的梦想遗传给自己的女儿，因为她也有自己的梦想。妈妈，为什么您就不能宽待自己的心灵，放下心中的纠结呢？"母亲沉默了。

　　生活中，如果我们的梦想因为现实而受阻，请走出心灵的"枷锁"，学会宽容自己，当然，我们也不要苛求别人，即使是我们的亲人。宽容自己，不是懦弱的表现，也不是在逃避现实，而是善于生活的智慧。所以，当面对苦苦纠结的事时，不要再苛求自己了，适当地放宽心吧，宽容自己，你将发现天高海阔、世界无比美好！

学会选择利于成长的环境

《塔木德》中说，决定人们一生成就的重要因素，不是所谓的"命运"，而是每个人身处的环境。环境，具有一种潜移默化的力量，这种力量非常大，在一定程度上会影响人的一生。

环境可以"塑造"一个人，也可以"毁灭"一个人。如果生活在一个有益于成长的大环境，人便能更好地成长，更好地发挥自己的才能；如果生活在一个不宜成长的狭小环境中，受环境影响，人则常常无法施展自己的才能，容易自暴自弃。

《三字经》有云："昔孟母，择邻处。"讲的便是孟母为孟子选择利于成长的环境的故事。

孟子父亲去世得早，由母亲抚养长大。相传，孟子小时候，和母亲住在墓地旁边，经常看到穿着孝服的丧葬队伍，他们唱着送葬的曲子，大声地哭泣。孟子和小伙伴们觉得很好玩，就模仿大人们的样子，跪拜，哭嚎，还用树枝在地上挖个洞，然后将一块石头埋进去。孟子的母亲看到后，非常生气，第二天就带着孟子搬迁到了市集，住在了一家屠户的旁边。

　　谁知，天生喜欢模仿的孟子，不久又开始学习商人做起买卖来，迎客、待客、与客人商议价格，样样皆通，模仿得有板有眼。母亲看在眼里，急在心里，生怕孩子就这样被耽误了。很快孟母又携孟子再次搬家。

　　这次，孟子一家搬到了一所学校附近。每天听着朗朗的读书声，看着学生们在老师的带领下摇头晃脑地读书的样子，孟子也情不自禁地模仿起来。母亲这才舒心地笑了：这才是我们应该住的地方呀！

　　孟母的伟大就在于，她充分意识到外在环境对一个人成长的重要性。不光孟母，古今成大事者，很多都是充分意识到了环境的重要性，而有意识地选择了有利于自己的环境而得成才的。战国时期的李斯也是一例。

　　据说，李斯还没做秦国宰相前，在乡里做一个小官。有一天他上厕所时，无意中发现，厕所中的老鼠吃的都是些不干净的东西，而且它们还得偷偷摸摸鬼鬼祟祟地吃，一听到动静，就赶紧躲起来。李斯想起了粮仓中的老鼠。它们过的可是截然不同的生活：每天享用着吃不完的粮食，住在大屋子里，从来不用担心会受到人的惊扰。由此，李斯感慨道：一个人到底能否成才，就像这老鼠一样，关键在于身处什么样的环境。于是李斯开始跟荀子学习，学成后，又在秦国找到了用武之地，最终成名。

"橘生淮南则为橘，生于淮北则为枳。"可见，环境对人的影响有多大。我们每个人都应该有意识地寻找、选择和创造最适合自己成长的环境，不断充实、完善自己。

国外科学家对幼鼠的实验也表明了外界环境的重要性。科学家在实验中发现，缺乏母爱的幼鼠比那些受到母亲爱护的幼鼠有更强的恐惧心理。科学家在那些缺乏母爱的母鼠生下幼鼠后，将其中几只交由那些充满爱心的母鼠抚养，剩下几只则由母鼠自己抚养长大。结果发现，充满爱心的母鼠抚养的幼鼠，其恐惧心理要比那些缺乏母爱者抚养的幼鼠的恐惧心理弱得多。

由此可见，环境的影响是巨大的，我们切不可等闲视之，而应时时检查自己所处的环境能否帮助我们成功，环境中是否充满正面的能量，环境中是否有带领我们成功的人。

美国南部某州，每年举行一次南瓜大赛。一位犹太农夫年年都是金奖得主，他每次得奖后，都会把种子分给邻居，从不吝惜。有人问他为什么如此好心，不怕别人超过自己吗？他说："我这样做其实是在帮自己。"

原来，这位农夫的土地与邻居们的土地相连，如果别人家的南瓜品种都很差，蜜蜂在传花授粉时，势必使他家的南瓜受到影响，这样他就培育不出优质的南瓜。

其实人的成长也如培育果实一样，难免会受到周围人的影响。如果你周围都是平常人，在大环境的影响下，你可能也会变成平常人；如果你的对手都很弱小，因缺少有力的挑战，你也可能变得弱小。

我们虽然很难改变外界环境，但可以自己选择环境。我们应该选择与乐观向上的人在一起，与优秀的人在一起，与心存远大志向的人在一起，与心地善良的人在一起，与身心健康的人在一起，与志同道合的人在一起，大家互相影响，互相帮助，互相学习彼此的长处，共同进步。

中国近代著名文学家林纾在《畏庐琐记》中，记载了这样一个故事：

有一富裕人家，拥有万贯家财。一天，主人突发奇想，建了一栋大房子，砌了三道围墙，从各地找了20多位哑女，然后收养了一些由于家庭贫困无力抚养而遗弃的婴儿，让哑女们来照顾这些婴儿。婴儿和哑女不能和外界有任何接触，他们的食物每天由专人从外面运进来。6年后，孩子们都长大了，他们都不会说话，只会通过"呦呦"的叫声来做简单的沟通。又过了4年，主人命令将这些孩子从大房子中放出来，让这些孩子和外界接触。结果不到一个月，这些孩子都会说话了。

可见，环境具有改变人的力量！语言本来就是人们和外界交流的工具，人的性格是在长期的生活环境和社会实践中逐步形成的，环境的变化往往会使人的性格发生明显的变化。"物以类聚，人以群分"，选择好的工作和生活环境，对气质的培养至关重要。比如，在军营里成长的人就有一股军人气质；在大学生活时间长了，就有一种学者风范。因此，想成为气质高雅的人，就要与气质高雅的人长时间接触，这正是"亲君子、远小人"之理。

所以，如果你想要乐观向上，想让内心溢满爱的芬芳，就要选择和那些善于肯定、尊重别人的人交往，假以时日，你会发现，你也成为了这样的人。

当然，人的发展除了受客观环境的影响，也需要人的主观因素才会起作用。两个人志同道合，才会一拍即合；价值观相同，才能一路同行。很多时候，一个人与环境格格不入，不一定是这个人做错了什么，也许是环境不适合这个人。

所以，不管你现在身处怎样的环境，只要环境对你的发展不利，而你又没有办法改变环境，那么，你就需要选择适合自己的环境，而不能被动地在不合适的环境里"葬送"一生。如果你认为自己当下所处的环境无法令你获得成功，你可以去寻找一个能让自己成功的新环境，使自己的潜能得以激发，进步则必然如期而至。

靠自己最重要

有一项研究成功者如何取得成功的心理研究。研究人员从不同行业中各选出 12 个人，把他们集中在一起进行测试。被试者的年龄集中在 30~40 岁，有男有女，他们的共同点是都取得了令人瞩目的成就，是同龄人中的佼佼者。这些被试者中已经成家的有幸福的家庭生活，子女在学校表现很好，非常适应学校生活。这些人似乎无往不胜。研究人员对被试者进行了各种形式的测试，有时候是一组，有时候是单独的个人。其中一项测试，是要求被试者在一张纸上按优先顺序，写下他们认为生活中最重要的三样东西。

在测试中，有两个现象引起了研究人员的注意。一是这些人对待这项测试的认真态度。第一个交卷的人花了 40 多分钟，许多人则花了一个多小时。尽管看到同组的多数人都已交卷，有些人仍很认真地、一丝不苟地做完了问卷。另一个值得注意的现象是，在每个人的答卷上，虽然排在第二和第三的选项各不相同，但所有人的第一个选项"创业靠谁"都不约而同地完全一致："我自己"。

可见，自强在人生中多么重要。自强就是靠自己奋斗。

那么，如何做到自强呢？

（1）丢掉与人比较的习惯

人要跳出爱与"与别人比较"的思维模式，成为"与自己比较"的独立的自我。做到这点很不容易，但习惯是可以改变的。只有不与别人盲目地比较，才能自强不息。

（2）肯定自己的优点

明确自己身上的所有优点并加以肯定。人在许多场合下，如果让其写下自己的优点时会觉得很困难，但要求写缺点时，却又快又好。这是不自信的表现。一个连自己都不相信的人，又怎么会自强呢？所以，为了培养自信心，不妨每天早上、中午及晚上念三遍自己的优点，一段时间之后，你就会发现自己比以前更加自信了。

（3）不断肯定自己

每天记下自己所做的事，在好的方面如"努力"、"认真"、"勤劳"等上面打一个记号，在需要改进及欠缺的方面如"骄傲"、"懒惰"等上面也打一个记号。在晚上做一个总记录，然后好好地自省，肯定自己所做的好事；对需要改进的事则告诉自己说："今天我有些自私，明天我会改进，会做得更好些。"要感谢当天所发生的一切，感谢它们使你有学习、改进和成长的机会。

（4）宽容地对待自己和别人

用幽默的态度"嘲笑"自己做得不够好的地方，而不要严厉地责怪自己。同时，要多欣赏他人的优点，包容他人的缺点，这样才能更好地自强。

自强对一个人的成功至关重要。人一定要学会不依赖他人，自强、自立、自尊、自爱，这样才会在事业发展上有更大的进步。

乐于接受善意的批评

假如有人批评你是"一个笨蛋"，你会怎么办呢？是针锋相对、嗤之以鼻，还是冷静思考？是痛恨这个人、远离这个人，还是靠近这个人？

西方谚语说："恭维是盖着鲜花的深渊，批评是防止人跌倒的拐杖。"谁会对你的错误横加指责呢？除了真正关心你的人，别人也许都不会。对于和自己毫不相干的人来说，你犯错时他们可能会幸灾乐祸或者当作笑料冷笑一下。这时候，谁才是真正关心你的人呢？很多时候，就是那个批评你指责你最厉害的人。因为他要让你知道你有哪些不足和缺点，并希望你能逐步弥补和改正，不断去完善自己。

爱德华·史丹顿曾称林肯是"一个笨蛋"。史丹顿之所以生气是因为林肯干涉了自己的业务。

有一次，为了"取悦"一个自私的政客，林肯签发了一项命令，调动了某些军队。史丹顿不仅拒绝执行林肯的命令，而且大骂林肯签发这种命令是笨蛋的行为。结果，当林肯听到史丹顿说的话之后，很平静地说："如果史丹顿说我是个笨蛋，那我就一定是个笨蛋，因为史丹顿几乎从来没有出过错。我得亲自过去看一看。"

林肯去见了史丹顿，他知道自己签发了错误的命令，于是赶快收回了命令。

林肯说，只要是诚意的批评，是以知识为根据的有建设性的批评，他都非常欢迎。

"批评者是我们的益友，因为他们指出了我们的缺点。"美国的科学家富兰克林说："听惯了谀辞的人常常狂妄自大，只有虚心接受批评的人才能改正缺点，提升自己。"所以，我们必须养成虚心接受批评的习惯。

人都希望得到肯定和赞美。那么，如何才能让自己心甘情愿地接受他人的批评呢？首先就要明确真正关心自己的人才会真正批评自己。这样想来，每次批评都是自己在得到别人的关爱，自己的自尊心就会好受一些，也就更容易接受批评，从而改正和提升自己。

查尔斯·卢克曼是培素登公司的总裁，他每年花 100 万美元资助鲍勃·霍伯的节目。他从来不看那些称赞这个节目的信件，却坚持要看那些批评的信件。他知道可以从那些批评信里学到很多东西，找出他在管理和业务方面的缺点。

所以，如果你听到有人批评自己，先不要急着替自己辩护。

因为，很多时候，别人的批评要比我们自己的意见更接近实际情况。人要保持谦虚谨慎、诚恳诚实的品格，这样才能赢得他人的尊重和赞赏。

有三个学习绘画的人在学艺途中将自己的得意之作标价出售，一位顾客对这三个人均说了一句相同的话："您的画怕是值不了那么多钱吧？"画家甲听了后，对自己的画仔细掂量，认为自己的确技术不精，他经过后来的刻苦努力，成为著名的画家，他就是丁托列托。画家乙听后只是轻轻地将画撕毁，从此改行，学习雕塑，也成了一代宗师。画家丙则认为顾客是在大放厥词，后来，他只是一个三流的画家，以卖画维生，过着流浪的生活。

批评有时是动力，能激发人向上的渴望，会引导人走向成功的巅峰。我们要在虚心接受批评的前提下，分析、总结自己身上存在的问题，然后才能提高和完善自己。当有人批评你时，先不要替自己辩护。要谦虚，要明理，要相信批评者是因为关心自己才批评自己的，有则改之，无则加勉。人对于批评，要小心地选择、衷心地采纳。

为人处世是人生很重要的一课，人只有知错才会有改过的希望。只有不断修正自己的错误行为，才能使自身不断完善。

很多人的问题往往是懂得"发现别人的错"，却不懂得"发现自己的错"，甚至因为别人的批评而敌视对方。我们应当经常在心里自省一些问题。比如：我自己是否存在问题？我如何才能将这件事做得更好？这样考虑问题，实际上是先承认了"这事可以做得更好"，然后，继续思索怎样改进。即使有人对你指责批评，你也会乐观接受。

那么，人应当如何做才算是以正确的态度对待别人的批评呢？在此提出下列三点建议：

第一，要每隔一段时间检讨一下自己的行为，想一想在哪些方面你可以做得更好，经常自省；

第二，当别人批评你时，要冷静思考，看看自己哪些地方做得不对，而不要一味地归因于客观因素；

第三，别人出言批评你时，应当虚心接受这些批评，然后反躬自省，进一步改进。

拒绝善意的批评和忠告不是英雄气概，而是怯于面对现实，会使人失去正视错误和进步的机会。因此，既要善于自我检讨，又要乐于接受批评，这样才能使自己臻于完善。

知恩图报，心存感激

感恩是犹太人的传统美德。犹太人不心存仇恨，只记得感恩，这就是他们的处世哲学。《塔木德》中说："聪明的人会随时心怀感恩，感谢上帝赐予自己的一切。"

犹太人中有一个不成文的规定，犹太人虽然是用自己的汗水和劳动获得丰收，但是，他们应该留下一部分给穷人。如果在收获的过程中，有些果实或者粮食从他们的手中滑落，他们也不应该拾取而应该留给穷人，因为那是上帝的"旨意"。

犹太人认识到，自己所拥有的财物虽然是经过自己的努力得来，但却是上帝眷顾的结果，而这种眷顾，需要通过成功之人的手，传递给其他的穷人。所以，即使是贫穷的犹太人，他也有义务去施予比他更贫穷的人。

犹太人对别人的善意特别敏感，一点在别人看来微不足道帮助就能让他们感动。犹太人即使遭受到不公正的待遇，他们也会秉持感恩的信念而不是只想着报复。

2010年上海世博会上，在以色列馆门口摆放的是犹太人的感恩展示。一块巨大的展板上写着："犹太人在上海的求生之路——生命的纽带。"下面的小字详细地介绍了背景：二战期间，约有3万犹太人在上海得到了中国人民的安全庇护，使他们从欧洲残暴的大屠杀中逃离出来。中国人民高尚的举动将永远被犹太人民铭记。另一句话则是引用以色列前总理伊扎客·拉宾在1993年访问摩西会谈旧址时的发言："第二次世界大战时上海人民卓越无比的人道主义壮举，拯救了千万犹太人民，我谨以以色列政府的名义表示感谢！"

这就是犹太人的伟大之处，他们虽然深受苦难、屡遭迫害，但他们记住的是感恩而非复仇。犹太人把感恩看得如此重要，是因为他们曾深切体会到苦难的意义，所以对别人的点滴恩惠都会报以最诚挚的感谢。

众所周知，希特勒对犹太人犯下了滔天的罪行。20世纪中期，纳粹屠杀了全世界2/3的犹太人，可以算得上是以色列不共戴天的"仇敌"。但以色列的国民教育中并没有多少仇恨德国的内容。以色列建立了规模宏大的纳粹大屠杀纪念馆，但目的不是让国人记住民族的血海深仇，而是为了警示国人：不要忘记经历过的苦难，国家对犹太民族太重要了，以色列国来之不易，犹太人要珍爱自己的国家。

犹太人没有念念不忘对纳粹德国的仇恨，但他们记住了德国恩人的名字——辛德勒。辛德勒的名字在以色列家喻户晓，

【犹太人成功励志书】

这个德国人基于人性的善意，在"邪恶"近乎浸染了整个德意志民族时仍坚守自己的良知，冒着倾家荡产和被杀的危险拯救了几百名犹太人的生命。许多年过去了，犹太人并没有忘记自己的恩人，很多犹太人每年都要用不同的方式来纪念这个德国人。

犹太人对中国也满怀感恩。二战期间，纳粹德国想要灭绝整个犹太民族。中国上海却向犹太民族敞开了一扇"小门"。消息传出，短时间内世界各地共有 5 万犹太人逃往上海避难。

战后，5 万犹太人中的绝大部分成为以色列复国后的第一代开国元勋。犹太人把在中国上海的避难史写进了以色列的教科书，也写进了不少犹太族谱家史中。在以色列的利顺市有一个独立广场，广场上立有一块纪念碑，上面写着："中国人，我们不会忘记你们的恩情！"

在水中放进一块小小的明矾，就能沉淀所有的渣滓。如果在我们的心中"培植"一种感恩的思想，则可以沉淀许多浮躁、不安，消融许多不满、不幸。将点滴恩情铭记于心，在经历了惨痛的过往之后，并没有留下深重的仇恨情绪，而是对那些帮助过他们的人心怀感恩，这就是犹太人历尽苦难之后体会到的感恩的真谛。

感恩会使生活变得更加美好。伟大的犹太科学家爱因斯坦在《我的世界观》一书中写道："我每天上百次地提醒自己，我的精神生活和物质生活都依靠着别人（包括生者和死者）的劳动，我必须尽力以同样的份量来报偿我所领受了的和至今还在领受着的东西。我强烈地向往着俭朴的生活，并且时常为发觉自己占用了同胞过多的劳动成果而觉得难以忍受。我认为阶级的区分是不合理的，它最后所凭借的是暴力。我也相信，简单淳朴的生活，无论是在身体上还是在精神上，对每个人都是有益的。"

《百年孤独》的作者马尔克斯年轻时供职于波哥大《观察家报》，他在1955年亡命巴黎。在马尔克斯看来，那里是一座熬人的"炼狱"。他穷困落魄，举目无亲。多年以后，他是这样回忆的：没有工作，一人不识，一文不名。因为语言不通，马尔克斯无法出去找活干，他只能在旅馆待着，忍受着煎熬。他整天饥肠辘辘，实在生活不下去了，就出去捡破烂，换上几口吃的。这样的生活过了整整两年，但是他在痛苦的期待和期待的痛苦中坚强地活了下来。后来他才知道，许多拉丁美洲的流亡者都有过类似的经历。

马尔克斯住在弗兰德旅馆，他根本没有钱交房租。不过，弗兰德旅馆的老板拉克鲁瓦夫妇非但不催不逼，最后似乎还不得不由马尔克斯徒托空言一走了之。在《百年孤独》出版之后，马尔克斯成为举世闻名的大人物，他的经济状况也大有改善。

有一天，马尔克斯想起了在弗兰德旅馆的落魄生活，想起了曾经帮助过他的旅店老板拉克鲁瓦夫妇。于是他悄悄去寻找弗兰德旅馆。旅馆依然如故，只是物是人非，他再也见不到拉克鲁瓦先生了。好在老板娘尚健在，她一脸茫然，根本无法将眼前这位西装革履、彬彬有礼的绅士同十多年前的流浪汉联系在一起。马尔克斯请老板娘一定要收下他当年欠下的房租和他的一点儿心意。

拉克鲁瓦夫妇用他们的善良没让一个可怜的文学青年流落街头。在马尔克斯最艰难的时候让他尚能感受到人间的温暖，使他走过了那段充满阴霾的日子。

感恩是一种美德，人即使成功了也不应忘记报答恩人、回馈社会、造福他人。让我们以感恩之心体会世间的温暖与幸福吧！

与人交往，重在和气

你有没有发现这样一种现象：说话和蔼可亲、做事的时候表现和善的人通常会被认为是随和的人，大家都愿意去结识？这种现象在心理学上有一种说法，叫"亲和效应"。"亲和效应"是人们在交际应酬时很重要的法则。在交往中，有着和气态度的人会让周围的人更加容易接近。这种相互接近，通常会使交往双方萌生亲切感，从而使得彼此关系更近一步。

与人交往，重在和气，这是成功建立良好人际关系的第一步。犹太人正是利用和气、谦恭的态度，从而赢得人们的信任，实现自己的目的的。

有这样一个故事：

在一个传统市场里，有一个犹太妇人的生意特别好，这引起了他人的嫉妒。因此，她的店门口常堆着一地垃圾，但这位妇人从不高声叫骂，本着和气生财的原则，既不计较，也不多说，每每把垃圾扫到角落里。

这个故事让我们看到了人性的美好与善良。面对他人给出的难题，我们应像这位妇女一样，换一个角度来思考，尽量"化干戈为玉帛"，大事化小，小事化了，体现包容、宽容的"爱心"。

《塔木德》中说："坑蒙顾客就是播种仇恨，和气的微笑带来的则是滚滚财源。"犹太商人在生意场上总是以和气与笑脸面对他人，即使与对方存在意见分歧，犹太人也能做到微笑着否定。即使对方发脾气，犹太人在分手的时候也仍不忘道声"再见"。如果第二天早上又见面，他们仍能真诚地和对方打招呼。这就是犹太人的和气之道：人际关系以和为贵。

美国希尔顿酒店的创始人康德拉·尼古逊·希尔顿出生于一个小皮货商贩之家。1919年，希尔顿接过父亲给他的2000美元，连同自己积攒的3000美元，开始了他的经商之路。很多年之后，当希尔顿的资产奇迹般增长到5100万美元的时候，他欣喜地把这一成绩告诉了母亲。想不到，他的母亲却说："依我看，你跟从前没有两样……事实上你必须把握住比5100万美元更值钱的东西，要想办法让每一个住过希尔顿旅馆的人再来住，你要想出一种简易、不花本钱而行之久远的办法去吸引顾客。"

母亲的话给希尔顿带来启发，同时也使他陷入迷惘。希尔顿反复思考，并亲自去逛商店、住旅馆，以一名普通顾客的身份去亲自体验、感受。功夫不负有心人，他终于找到了答案：和气生财。

于是，希尔顿推行了以微笑服务体现和气生财的经营策略。在此后的经济危机中，希尔顿旅馆的服务员脸上仍带着微笑。

结果，经济危机一过去，希尔顿旅馆就率先进入新的繁荣时期。今天，希尔顿酒店已在世界五大洲的各主要城市开设了数百家分店，年营业额超百亿美元。这在很大程度上归功于希尔顿"和气生财"的理念。

经商就是做人，做人做到位，生意就不会太差。犹太人生意的运作其实就是人际关系的运作，他们认为人际关系也是一种生产力。因而，犹太人在与人交往的过程中始终保持和气，与周围的人融为一体。

劳伦是位女商人。她平日穿着时髦的衣服，处处讲究品位。后来劳伦搬到了西南部的一个小城镇。尽管她很喜欢这个城市和这里的居民，但是她感到自己不受欢迎。后来，她的一位朋友对她说，她的穿着和交谈方式让当地人觉得她在装腔作势，并且自认为高人一等。从那以后，劳伦像当地人那样，穿着随意，经常与人谈论当地的事情，频繁参加社交活动，试着让别人觉得自己很容易接近。虽然一开始劳伦也不太习惯：比如，不习惯穿卡其布的衣服，不习惯谈论经营牧场。但是慢慢地她发现，她与邻居和同事的交流容易多了。

这就是"亲和效应"的具体表现。心理学研究表明，每个人的外表都直接或间接地反映了他的内心。比如，服装、说话的方式、每一个动作、每一个眼神，都在告诉别人你是否友善，是否愿意和人交谈。如果你表现得很孤傲，别人会觉得你很难相处，也就不愿意和你交往了。

在与人交往的时候，人们会有一种这样倾向，即看起来比较亲和的人，人们会更乐于亲近他。因为人们潜意识里把亲和的人当作是"自己人"，觉得可以轻松地与之交谈、交往。

罗宾和几位同事一起参加一个酒会。其中一位同事又说又笑，讲着过去做的一些有意思的事情。这些故事罗宾以前听过，所以他显得有些厌烦。罗宾想和酒会上的其他客人聊一聊，但是其他人更多的是围着他的同事转。

"曲高和寡"是人际交往中的一个大忌，如果你高高在上地俯视众人，那么大家就会对你"敬而远之"，而不会真正地与你"走近"。所以，要学会掌握一些简单、易学的技巧，来提高自己的亲和力，这样你就可以成为受欢迎的人了。以下几种方式可以尝试一下：

（1）平易近人

要做一个平易近人的人，与别人打交道时就要注意营造轻松的气氛。也就是说，在别人和你打交道的时候，不要让对方有紧张感。有的人总是给人一种难以接近的感觉，而一个平易近人的人则会很容易相处，他们的言谈举止都很自然，也会营造出一种舒适、愉快、友好的氛围。

（2）为他人着想

一个人如果总是设身处地地为他人着想，就会让他人不紧张、不拘束，更不会让他人觉得尴尬、难堪。在和他人人交往的过程中，要能根据交往对象的不同特点，随着时间、地点的变化，随机应变。这样做的话，你怎么可能不受人喜欢呢？

（3）有广阔的胸襟

待人接物落落大方、不卑不亢，胸襟宽广，不对别人态度冷淡，而且也不对别人乱发脾气，这样的人到哪里都是"香饽饽"。

（4）具有良好的品格

心理学家曾研究了100个受人喜爱和令人讨厌的人的个性特征，结果表明：一个人要想赢得别人的喜爱就必须具备46个引起别人好感的个性特征，如忠诚、正直和具有爱心。也就是说，你要想为大众所接受就必须具备许多优秀品格。

（5）能够仔细分辨别人的动机

一个社交能力强的人，必定会考虑到自己行为的后果，会预测到别人的可能行为，而所有这些，都是在相关因素可能有所变动的情况下做出的。因此，只有认知能力较强、善于察言观色的人，才能在复杂多变的情况下应对自如。这种人际交往中的智慧其实每个人都有，关键是怎样使之不断增强，怎样将其在生活中发挥出来。

（6）不断克服自身的弱点

如果你不是很擅长和别人打交道，时常给人刻板、严肃的印象，你就应该从自己身上找找原因，而且要下决心改掉自己的这一面。要做到这一点，就必须非常诚实，敢于剖析自己，甚至还需要接受一些性格方面的训练，对性格方面所谓的"弱点"，要进行分析，进行优化，通过一些方法慢慢克服。

（7）祝福他人

学会祝福他人是非常重要的，因为当你祝福他人的时候，你和他人之间的关系就上升到了一个新的高度。当你向他人坦露出最美好的情感时，他人也会向你坦露出最美好的情感。如此一来，你们之间一种亲密的关系便能建立起来了。

（8）尊重他人

你尊重他人，他人也会尊重你；你喜欢他人，他人也会喜欢你。

在人际交往中，尊重他人是赢得他人喜爱的一个重要因素。人都希望自己的自尊心得到满足，都希望自己被他人了解、被他人尊重、被他人赏识。所以，不要随便贬低他人，不要随意伤害他人的自尊心，因为，只有尊重他人，他人才会喜欢你。

只要你愿意为此付出努力，你完全可以改变自己，成为一个和气、平和的人，这样你也就会拥有更多的朋友。改变，什么时候都不晚。

赠人玫瑰，手有余香

《塔木德》中说："默默的关怀与为别人祈祷，是一种无形的行善。"人是具有社会性的，任何人都不可能独自生活，必须依靠其他人，需要由多个人组成的社会来维系个体的生存，因此，在一定程度上也可以说，人们彼此是为了对方而存在的。

因此，要想使自己生活得更好、舒心愉悦、事业有成，就必须使自己拥有与其他人和谐相处的能力，在彼此和谐中一同成长；广交朋友，关心朋友，对朋友的困难真诚地施以援手；约束自己，宽恕他人，理性做事，虚心地学习，快乐地生活。

犹太人认为，能够祝福别人是一个人有涵养的表现，因为播洒祝福给别人，自己也会收获成功和幸福。

乔·吉拉德被认为是世界上最伟大的推销员，他的工作是汽车销售。他认为，卖汽车，"人品"重于"商品"。一个成功的汽车销售商，一定有一颗尊重他人的心。授人玫瑰，手有余香。多为别人着想，也是为自己着想。

一天，一位中年妇女从对面的福特汽车销售商行出来，走进了吉拉德的汽车展销室。

她说自己很想买一辆白色的福特车，就像她表姐开的那辆一样，但是福特车行的推销商让她一个小时之后再去，所以她先过这儿来瞧一瞧。

"夫人，欢迎您来看我们的车。"吉拉德微笑着说。

那位女士兴奋地告诉他："今天是我 55 岁的生日，我想买一辆白色的福特车送给自己当生日礼物。"

"夫人，祝您生日快乐！"吉拉德热情地祝贺道。随后，他轻声地向身边的助手交代了几句。

吉拉德领着那位女士从一辆辆新车前面慢慢走过，边看边介绍。当来到一辆雪佛莱车前时，他说："夫人，您对白色情有独钟，瞧这辆双门式轿车，也是白色的。"

就在这时，助手走了进来，把一束玫瑰花交给吉拉德。吉拉德把这束漂亮的花送给那位女士，再次对她的生日表示祝贺。

那位女士非常感动，激动地说："先生，太感谢您了，已经很久没有人给我送过礼物了。刚才那位福特车的推销商看到我开着一辆旧车，一定以为我买不起新车，所以在我提出要看一看车时，他就推托说需要出去收一笔钱，我只好上您这儿来等他。现在想一想，也不一定非要买福特车。"

后来，那位女士就在吉拉德那里买了一辆白色的雪佛莱轿车。

诚然，我们不能说这位女士一定是因为一束玫瑰才决定买吉拉德的汽车的，但至少那束玫瑰使这位女士感到了温暖与爱心，而温暖与爱心是最能打动人心的东西。这充分体现了吉拉德的待人之道。

每个人在生活中都希望有良好的人际关系，都希望能与他人相处融洽，互帮互助。一个微笑，一束鲜花，一句问候，一声赞叹，一次帮助，都是向别人表达善意的机会。相反，不懂得为他人着想的人，做事情常常会以失败告终。生意场上这种现象最为明显，正所谓投桃得李，善有善报。

英国之所以能成为世界强国，海运事业的高度发达起到了重要作用。酒店、咖啡店等成了很多闯荡大海的人的必到之地。

1960 年，劳埃德在英国的泰晤士河边开了一家咖啡馆。很快，这家咖啡馆就成了船老板、商人、船员等聚会的地方，很多信息都在这里交流，这里成了一个信息集散地。

出海的人在这里畅谈海外的奇闻轶事，回忆航海中的风雨历程，有喜怒哀乐，有悲欢离合。有人高兴地庆贺自己一帆风顺，满载而归；有人人悲伤地哀叹自己海上遇险，血本无归。劳埃德在一旁听着，心里默默地想：要是能帮这些人做点儿什么就好了。

一天，咖啡馆老板劳埃德听到一个海员在喝咖啡的时候说，有一个伦巴第人在做海运保险。这一句话在劳埃德的心中掀起了波澜。

劳埃德想：我何不利用现在的条件，与这些老顾客们联手做海运保险呢？这样可以让这些经常奔波在大海上的人有所保障，他们即便出了意外也不会沦落到缺衣少食的地步。

劳埃德把这个计划告诉别人，很多人都说，这生意风险很大，大海无情，海浪很容易就把一条大船掀翻，这就等于拿着英镑往大海里扔！

劳埃德有些犹豫，不停地咨询那些从事海上贸易的老板，老板们对此很感兴趣。接着，很多船长、船员、货主、商贩等纷纷表示，如果哪个人愿意来做海运保险，他们都参加。

有了这些人的支持，劳埃德终于下了定决心。保险公司刚开始的时候是不需要很多资金的，只要物色好机构、办事人员，就可以开张了。不久，劳埃德保险公司就在泰晤士河畔成立了。

不出所料，劳埃德的保险公司生意一下子就火了起来，昔日一个小小咖啡店的老板，摇身一变，成为保险业的领军人物。

劳埃德保险公司后来的发展是很迅速的，公司的业务除了海运保险，大到火箭发送、人造地球卫星升天、受到战火威胁的超级油轮，小到电影明星的漂亮面容等都包括在内。劳埃德成为让英国人引以为傲的世界上最大的保险业巨头！

劳埃德的做法让很多人感动于他的爱心，也大为佩服他的敏锐眼光。而洛克菲勒"先给予的举动"更是让我们看到，愿意付出的人也会收到巨大的回报。

第二次世界大战后不久，战胜国决定成立一个处理世界事务的联合国。联合国设在什么地方，一时间成了一个颇费考量的问题。按理说，联合国应该设在一座繁华的城市。可是，在任何一座繁华的城市建立都必须有大量的土地，买土地要花费大量的资金。可是刚刚起步的联合国总部无力支付这样一大笔巨款。

正当各国的首脑们踌躇的时候，美国的洛克菲勒家族知道了这个消息，立即拿出 870 万美元的巨资在世界级的大城市纽约买下了一块土地，并无偿捐给了联合国，并且同时买下了这块土地周围的全部土地。

联合国大厦建起来之后，周围的土地价格立即飙升上去。没有人能够计算出洛克菲勒家族经营这片土地到底赚回来多少个 870 万美元。洛克菲勒家族之所以能够收获这些丰厚的回报，一方面是他们本身作为商人的精明独到的投资眼光，另一方面也是因为他们播下了一粒爱心的种子，所以从这颗种子中"长出"了财富。

想收获就必须先给予，多为别人、社会着想，付出你的关心、热心和真诚，你的收获一定是难以估量的。好的人脉关系，会让人在精神和事业上更上一层楼。

亲人胜过一切财富

有人将家庭比作避风的港湾，有人将家庭比作温馨的摇篮。这些都说明，人人都渴望拥有和谐幸福的家庭。

事业与家庭，是维系人的根本支柱，缺一不可，两者相辅相成、互相促进。家庭是人生事业的基础，美满幸福的家庭，会让人的事业如虎添翼；而危机四伏的家庭，不仅会使事业受阻，也无幸福可言。因此，经营好家庭是事业成功的重要保障之一。

英国某小镇有一个小伙子，整日以沿街卖唱为生。镇上还有一个女人，远离家人，在这儿打工。他们总是在同一个小餐馆用餐，频频相遇。时间长了，彼此已十分熟悉。有一日，女人关切地对那个小伙子说："不要沿街卖唱了，去找一个正当的职业吧。你完全可以拿到比你现在高得多的薪水。"小伙子听后，先是一愣，然后反问道："难道我现在从事的不是正当的职业吗？我喜欢这个职业，它给我，也给其他人带来欢乐，有什么不好？即使再好的工作，可是要让我远渡重洋，抛弃亲人，抛弃家园，那生活还什么意义？"在这个小伙子眼中，家人团聚在一起享受温馨，才是最大的幸福。

当然，看重家庭绝不是说要放弃事业，因为事业不是必须要牺牲家人利益才能做到的事情。上述案例中那位年轻人不就很喜欢自己的事业吗——即使是卖唱，但那是自己喜欢做的事。他觉得这样既兼顾了家人，又是在为自己喜欢的事业而奋斗，既幸福又快乐。

每个人都渴望爱，和谐的家庭环境对一个人未来的发展起着极为重要的作用。一个人不能只顾着赚钱，只顾着自己的事业，还要兼顾家人。给家人带来爱，在家庭中享受爱，这样的人生才是完整的，这样的生活也才是有情趣、有色彩、有动力、有希望的。因此，我们应该用心营造家庭的和谐氛围，每时每刻都提醒自己：爱是生活的最高原则，亲人胜过一切财富。

在南非种族分裂内战时期，许许多多的家庭备受战乱之苦，变得支离破碎，房屋被摧毁，人们被屠杀。有一个大家庭原来有几十口人，最后只剩下老祖母和一个小孙女了。老祖母年事已高，病入膏肓，但当她得知小孙女还在人间时，她便决心要找到小孙女，要不然，她睡不着，吃不香。

老祖母历尽千辛万苦，辗转数万里，找遍了非洲大陆，在最后一刻，她终于找到了小孙女。她激动地、紧紧地和小孙女拥抱在一起，这时，老祖母说了一句意味深长的话："到家了！"

在老祖母的心中，她需要爱她的亲人，需要那份特别的感情，两个相互牵挂的人在一起就是家啊！家在这里上升为一种信仰，一种支撑老祖母活下去的精神力量。概括地说，家是爱的聚合体。试看天下之家，皆为爱而聚，皆因无爱而散。

有这样一个故事：

有一个劫匪，因杀了人，坐过牢，穷途末路去抢银行。抢劫中遇到了两个工作人员的拼命反抗，他劫持了其中的一个女孩。

警车很快赶来，越来越近。劫匪被警察包围了，警察让他放下枪，不要伤害人质。他疯狂了："我身上有好几条人命，怎么着也是个死，无所谓了。"说着，他用刀子在女孩颈上划了一刀。女孩的颈上渗出了血滴。

女孩流泪了，知道自己碰上了亡命徒，知道自己生还的可能性不大了。"害怕了？"劫匪问女孩。女孩摇头说："我只是觉得对不起哥哥。""你哥？""是的，"女孩说，"我从小父母双亡，是我哥把我养大，他为我卖过血，供我上学，他都28岁了，可还没结婚呢，他和你差不多大。"劫匪的刀子从她脖子上慢慢移开，说："那你可真是够不幸的。"

围着劫匪的警察继续喊话，劫匪无动于衷。劫匪身上不仅有枪，还有雷管，可以把警车引爆，但他忽然想和女孩聊聊天，因为他的身世也同样不幸。他的父母很早就离了婚，他也有个妹妹，他妹妹也是他供着上了大学，但他不想让他妹妹知道他是杀人犯！

女孩向劫匪讲着小时候的事，说自己的哥哥居然会织手套，还在她 13 岁来例假之后曾经去找一个 20 多岁的女孩子帮她。她一边说一边流眼泪。劫匪看着前方，看着那些喊话的警察，再看看身边讲话的女孩，他忽然觉得这世界是那么美好，但一切都已经来不及了。

劫匪拿出手机，递给女孩："给你哥打个电话吧。"女孩平静地接过来，知道这是和哥哥最后一次通话了，所以，她几乎是笑着说："哥，在家呢？你先吃吧，我在单位加班，不回去了……"

这样的生离死别竟然被女孩说得如此平常，劫匪想起自己的妹妹也和他说过这样的话。看着这个被自己劫持的女孩，听着她和自己哥哥的对话，劫匪哭了："你走吧。"

女孩简直不敢相信自己的耳朵。"快走，不要让我后悔，也许我一分钟之后就后悔了！"女孩回头看了劫匪一眼。她永远不知道，是那个电话救了她，那个电话唤醒了劫匪心中仅存的善良，那仅有的一点儿善良。女孩走到安全地带，看到警察将劫匪铐了起来。

事后，很多人问女孩到底说了什么居然让劫匪放了她。女孩平静地说："我只说了几句话，我对我哥说的最后一句话是：'哥，天凉了，你要注意添衣服'。"

兄妹之间的爱感动了劫匪，可见，亲人之爱有多么伟大的力量！

家是爱的港湾，我们都停泊在这"港湾"里，不管世界上发生了什么不可抗拒的灾难，不管人生多么艰难，我们都不怕，因为只要有一个温暖的家，我们再困难也觉得有支柱，有支撑我们走下去的信心和力量。

报答父母不能等

　　报答父母不能等，不要说等到自己真正有钱了再去孝顺父母。其实父母需要的并不是那些物质上的东西，他们需要的是儿女的真诚关怀和嘘寒问暖。

　　数年前，《机会》杂志在意大利米兰创刊。为了能一炮打响，董事长亨利·肯德里提议请比尔·盖茨来写发刊词。后来，比尔·盖茨答应在纽约开往内罗比的飞机上可以接受一刻钟的采访。记者为采访草拟了三个问题，其中第一个问题是：您认为最不能等待的事是什么？比尔·盖茨说："根据我的经验，我认为天下最不能等待的事是孝顺父母。"

　　是啊，在这个世界上，有很多事情都可以等待。我们可以在拥挤的公交牌前等待下一辆缓缓开来的车；我们可以亲手栽下一棵小花苗，然后期待它的绽放。但是，我们的父母没有那么多时间等着我们去报答。当我们羽翼渐渐丰满，可以展翅高飞的时候，他们却驼了背，弯了腰。

　　其实，父母需要我们做的并不多，一句温馨的问候，一碗热乎的面条，一次散步时的搀扶，一场无言的陪伴……这些都不难做到。

但是很多人终日为自己的家庭、事业忙碌着，一年也和父母见不了几次面。

古往今来，以"孝"闻名的人直到今天仍在历史长河中为人们铭记。我们要做的，不仅仅是缅怀故人，更要从现在做起，孝敬父母，因为一旦出现"子欲养而亲不待"的遗憾，恐怕再后悔，也只能空悲叹了。

有一位朝九晚五的上班族，在为工作埋头忙碌了一整个冬天之后，终于获得了两个星期的休假。他计划要利用这个机会到一个风景秀丽的观光胜地去旅游，泡泡音乐厅，交些朋友，喝些好酒，随心所欲地休憩一番。临行前一天下班回家，他十分兴奋地整理行装，把大小箱子放进车厢。第二天早上，出发前，他拨了一个电话给母亲，告诉她自己度假的计划。

母亲说："你会不会顺路经过我这里？我想看看你，和你聊聊天，我们很久没有团聚了。"

他说："妈！我也想去看您，可是我时间有点儿赶，同人约好了见面的时间。"

母亲说："那就算了，你好好地去玩吧，我会惦记着你。"

当他的车正要上高速公路时，他忽然记起来，今天是母亲的生日。于是他绕回一段路，停在一个花店门前，打算买些鲜花，叫花店送去给母亲，他知道母亲喜欢花。店里有个小男孩，正在为一束玫瑰付账。小男孩面有愁容，因为他自己所带的钱不够，少了10块钱。

他问小男孩："这些花是做什么用的？"

小男孩说："送给我妈妈，今天是她的生日。"

他拿出10元钞票为小男孩凑足了买花的钱。

小男孩很高兴地说："谢谢你，先生，我妈妈会很感激你的慷慨的。"

他说："没关系，今天也是我母亲的生日。"

小男孩满脸微笑地抱着花转身走了。

他选好一束花，付了钱，给花店老板写下了母亲的地址，然后发动车，继续上路。

他开出一小段路，转过一个小山坡时，看见刚才碰到的那个小男孩跪在一块墓碑前，把玫瑰花放在地上。小男孩也看见了他，挥手说："先生，我妈妈喜欢我给她的花。谢谢你，先生。"

他把车开回花店，找到老板，问道："我订的花送走了吗？"

老板摇摇头说："还没有。"

他说："不必麻烦你了，我要自己送去。"

现实给人们的无奈太多，很多人与父母远隔，很多人心力疲惫，很多人无暇顾及父母的感受。但你可曾想过，自己长了一岁，父母就老了一岁，当位子、妻子、房子、车子、票子等一切俱足时，父母是否还有健康的身体？是否还能和你同享这些？

所以，报答父母，要从现在做起，从即刻做起。行孝，不是口头上的说说而已，而需要怀着一片赤诚的心去行动，也许是一句暖心的话，也许是一杯温热的牛奶，你都可以捕捉到父母脸上那一丝欣慰的微笑。

父母养育我们图什么？他们图的只是我们能拥有美好的未来。我们亏欠父母的，一世都还不完。从现在起，帮父母做一些力所能及的小事，父母高兴，自己心安，何乐而不为？

吴雨是一个在农村长大的孩子，他是村子的第一个名牌大学生。吴雨的父母都是贫困而朴实的农民，为了供吴雨念书，他们从不舍得多花一分钱，就算是去县城卖菜，也要步行翻山过去，不舍得花钱坐车。他们十几年从未买过一件新衣，家里也几乎没有一件像样的家具。吴雨从学校拿回重点大学的通知书的那天，父母结伴站在村口的梧桐树下等他。吴雨猛然发现父母老了许多，皱纹代替了笑容，白发隐没了乌丝。出门读书的那天，吴雨让父母等着他，他会出人头地，会来接他们去城里住高楼、坐汽车。父母没有说话，只是轻轻地点了点头，说："快上车吧，你好我们就好了。"四年大学，吴雨意气风发，四年之后，他得偿所愿。当一切都安排好的时候，他再次回到家乡，只见门帘上贴着白色的对子，母亲告诉他，他的父亲因为整修房子舍不得花钱，自己爬上房梁，摔了下来……走的时候，还念着吴雨的名字，说："不能享他的福了。"吴雨失声恸哭，这真是"子欲养而亲不待"啊！

报答父母，是最等不及的事。或许你总是埋怨工作太多，离家太远，有心而无力；或许你身处陌生的城市，拿着微薄的收入，买不起好房子让他们住。其实，父母需要的并不是你给他们的物质上的回报，他们需要的只是见见久未谋面的你。

在父母的生日时，在逢年过节时，我们可以暂且停一停手中的工作，将那些忙碌的计划先放一放，我们的父母正在家盼望着我们回去，虽然他们也渴望享受外面五彩缤纷的世界，但他们更渴望身边有儿女搀扶自己的手。现在就给父母打个问候的电话或者发个温暖的短信吧，或者安排一下近期去看望看望他们，趁父母还健在，多多陪陪他们吧！